HOW TO PLAY

Sudoku is 9x9 (classic, adult version), or 4x4 and 6x6 (kids versions) grid puzzle game.

In the adult version, the objective is to fill the 9×9 grid with digits so that each column, each row, and each of the nine 3×3 subgrids that compose the grid (also called "boxes", "blocks", or "regions") contain all of the digits from 1 to 9.

You are provided a partially completed puzzle to complete, with a single solution.

In the adult version, 4 difficulty levels can be found, Easy, Intermediate, Hard and Insane.

Copyright © 2021 by
LITTLE RAINBOW PRESS

All rights reserved. No part of this book may be reproduced or used in any manner without written permission of the copyright owner except for the use of quotations in a book review and certain other non-commercial uses permitted by copyright law.

FIRST EDITION

PUZZLE - 1

Easy

			6	7	1	8	3	9
3	7	1			9			4
6	9	8	4	3	2		5	1
7	8			1	5		6	
1		6	7		3		8	5
	5	4		2				7
8				5	4		9	
		9	3	6		5	4	
	3	5	1		8		7	

PUZZLE - 2

Easy

7	1			2	3	6	8	9
3		8	9					5
	2		8		5	7	4	3
5	8		3	4				
		7						8
6	9	2	5	8	7			4
		3	1	5		9	6	
2	6			3	8	4	5	1
1		4		9	2	8		7

PUZZLE - 3

Easy

7		1	2	5			6	4
4	2	8	7	6		5	1	
	3				1		7	
1	6	3	9		7		8	
2		9	5			1		
		7	3	1	2	9	4	
3		4		2	5		9	
		5	8	3				1
	8	2	1		4	6	5	3

PUZZLE - 4

Easy

7		9		1	2	6	3	4
4	3					9	1	5
1	5	6		9	3	8	2	
6	9			7			5	3
5	7		3	2		4	9	8
					9	7		1
	2	4	6			5		
	1		2	4		3		
		7	9	3		1	4	2

PUZZLE - 5

Easy

		4	5		3	8		7
	6	8	4		7	1	3	
2	7	3	8	1	6	4	5	
	4				2	3		1
	3	5	7	8		9		6
7	2				1	5		
4					8	6	9	3
		1	2		5		4	8
3	8				9	2	1	

PUZZLE - 6

Easy

	1			8		9	7	
6			5		4			3
8	7	4		9			5	2
9	8		7	2	1		3	
3		2		5	8		9	1
	6		4	3			2	8
2				1		3		9
4		8	3	6		2		7
	3	1	9		2	8	6	5

PUZZLE - 7

Easy

5	6	8	2		4	7		3
	1		7	8	5			4
7	2						9	8
8	5				7		4	
	7	1	9	4	8			5
	4	3	5		6			2
1	3		8	6			5	9
	8		1		9	3	2	6
6		2				1	8	7

PUZZLE - 8

Easy

	9	1	3	8				2
3	2		5	4	9	1	6	8
	5			1			9	
	6	2	8	5	7	3	4	
5	7	3	1	6	4			
	1			9	3	6	5	7
				2		7		
7	8	4				9	2	
2	1	9	4		5			6

PUZZLE - 9

Easy

2	1	7		5		9	6	3
6	3			7	2	1	8	5
9	8	5	6		1		7	
	2	9		1			3	
8	4		3	2			9	7
	5	6	7	8		2		1
4					5	7		
	9	8	1	6		3		
	7		8	4	3			

PUZZLE - 10

Easy

8	9	3	7				2	
2	4	6		8		7		
5	7	1		2	4	6		
1		4	8			9		2
	5	2		6	1		7	
	8		2	3		1	5	4
	6	9		7	2		4	8
7	1	8		4		2	9	
		5	6			3	1	

PUZZLE - 11

Easy

7	6			9		8		2
		2	4	7		5	1	
1	5	4		8				7
	2		8	1	9	3	7	4
3	7		6		4		5	8
			7	3	5	2	6	
2		7				4	3	5
	3	5			7	1	8	9
9		8					2	6

PUZZLE - 12

Easy

7	1	2		4	8	9		6
	9	8	1	5	6	2	3	
	6			2		8	1	4
	4	6		3			8	
3	2	9				4	6	
8		7	4	6		1	9	
	8		2					
9	3			1	4	6	2	
2		1	6			5	4	9

PUZZLE - 13

Easy

3		1			8	7		
	4	2	9	7	5	3	6	
7	5	6		2		9		
	8				1	6		4
		4	5	8		1		2
1	2		3	4	6	5	8	
4				5	2	8	1	
		8	6		4		5	
2		5	8	3	9	4	7	

PUZZLE - 14

Easy

			3		2	7	6	4
2		3	6	4		8		
					8		3	1
8	3		1		4	5	7	2
4	7		8		5		1	6
1	6	5		2		3	4	
3	9		5					
5	8	1	2	7	6	4	9	3
6	2	7		9	3	1	8	5

PUZZLE - 15

Easy

4	8			6		9		
3		2	4		9	6	7	1
9		7		1		3	8	4
5				4	2		1	8
2			6	7	8	5	3	
				5			4	6
		5	1	9	4	8	6	3
		8	5	3				7
6	4	3		2			9	5

PUZZLE - 16

Easy

	3	5		9				
9	4	8	6			3		
		1	7	5	3	4	8	
3	1		9	4			5	2
5	9	2			7	8	1	4
8			2	1	5	9	6	
6	8	7	4		2	5	9	1
			1	8			3	
1			5	7			4	8

PUZZLE - 17

Easy

	3		4				2	
9		5	8		1	4	6	
4	1	8		7	2	3		
2	7		9	4	6	5	1	8
	9	4	1		7	6		2
	8	1	3	2	5			
	5		7	6			8	3
	4	9	5		8			6
8		7		9		1	4	

PUZZLE - 18

Easy

7		9	5		2		1	3
	8		4			6	9	2
2	6		1	8			7	
	3			5	7	9	6	4
4	9		3	2	1	7	5	8
8	7		9		6			
9	1		6	3	5			
6				1		5		9
3		7	2	9	4			

PUZZLE - 19

Easy

		5	6		2		3	
	2		3	4	9	5	6	
7		3	1	8	5	4		
5		6		9			7	4
	8					6	2	1
2	7	4		6	1	9	5	
4			9	3		7	1	6
		1	4	2		3	8	5
8	3			1	6			

PUZZLE - 20

Easy

7	3	1	9	2	5	8	4	6
5	8					9	1	
		6	1		7		2	
				1		5		
1		9	4	5		6	7	8
6	5	8			9	4		1
8	1		7			2	6	9
	6	3	8					4
4		7		6	2		8	3

PUZZLE - 21

Easy

	4	3	9	7		6		8
5	6	7	1			3		
8			3	6			7	4
	2	5	6			7	8	3
		8	2		4			5
	1		5		7	2	4	6
7	3	4	8			9	5	
			7		9	4	3	
9	5	2	4	1	3			

PUZZLE - 22

Easy

1		7	9	2	4	6		5
	9	4	1		5	2	7	8
	5	3	8	7	6	1		
		8	4				1	3
3	6				1			
	1	2	3			7		9
	4	9	5	1	7	3		
7		6	2		9		5	
	2			8	3	9	4	7

PUZZLE - 23

Easy

7		6		3	9	5	2	
	2			4	8	6		9
4	9	1		2		3	8	
		7	6	9		2	5	
9	1			5	2			8
5		2	8		3			1
	7		3			1		5
6		4	9		5	8	7	2
	5	9			7		3	6

PUZZLE - 24

Easy

4	6	9	1			5	2	
	2	1		6				7
7	3		4	2	9		8	1
6	4	8	9	3		1	7	2
2		3			8	9	4	
		7	2	4			3	
			3					
9		2	8	5		3		4
3	1			9	2	7	5	8

Easy

PUZZLE - 25

4	9			1	8		2	5
5		6	3	7	2	4	1	
7	2			4	9		3	8
2		9	7			1		3
1	3		8		4	2	7	6
	6	7		3	1		9	
		4	9	2	3			7
3	7	8	1		6			
			4	8		3	6	

Easy

PUZZLE - 26

1		6				4	8	
7	9	2	4	3				1
8	5	4	6		9	2	7	
5	2	1	8	9	3	6		7
	6	8	2		7		9	
	4	7	1	6		3		8
	8	5		2		7		4
	7						1	2
			7	4	8			6

PUZZLE - 27

Easy

6	7	4				2		
	9		6	1	2	3	4	7
3	2	1		4	8		6	
	3	2	4	7		8	5	6
4	1		5	8		7		3
			2	3			9	1
2		3	9				8	
		9	1		4	6		5
	4		8		3	9		2

PUZZLE - 28

Easy

		3		7		8		
6	7		1		4			2
	2	4		6				7
	5			2	7	6		8
2			8	9	3	1	7	5
			6	5	1	4	2	9
4	9	1	5	3	2	7		6
3		2			8	9	5	
	8		9			2	4	3

PUZZLE - 29

Easy

8		9				7	3	2
		3	5	9		1		8
	1	2	8	7	3	5		
6	9	8			7	4		5
2	7		4	6	5	8	9	3
	3	4					7	6
9		5		3	1			4
		6				3	2	
3	8	7			6		5	1

PUZZLE - 30

Easy

2		9	3	5		1	7	
	7	3	1	8			4	2
				2	4	9		3
9		2	6		7			4
3		7		9			1	6
4	6			3	8		9	
7		5	9		3		6	1
	9	8		7			3	5
1		4		6	5		2	9

PUZZLE - 31

Easy

	6	5		8		2	1	
7		4	6		2		9	
3				1	5	6	4	
	5		7		4	1	8	2
8	4					5	6	9
			5	6	8		3	4
		8	1		3	9	2	6
5	2		8	4		3	7	
1		9	2		6		5	

PUZZLE - 32

Easy

	8		5	7		4	1	2
	3	7		6	2		9	8
			8	1		3		6
		1	7		5	2	6	3
	6		3	2				9
	2		6		8	1	5	4
		8		5	7		2	1
6	1	5					3	7
2	7				6	8	4	5

PUZZLE - 33

Easy

3	2	5		8	9			6
		6	5			8	9	
	8	1	6		7	3	5	
		2	3	9	5		8	7
		7		4	8		6	
8	9	4	7	6			1	3
	1					9	4	5
4	7	8	9	5		6	2	1
			2	1	4	7		8

PUZZLE - 34

Easy

2	6				4	3	5	7
	3	7	8	6		4		1
5	1	4		3	2		6	
7	4		2	5	3	9	8	
	9	6	4	7		5	1	
	2	5	9					
6	5	2			7	1		
4		9	5	2		6	7	
1	7				9	2		

PUZZLE - 35

Easy

3	9	2		4	6			5
	1	5		8				6
4				5	1	7	9	2
	3		6	7	2		8	4
9	7		8	3	5	6	2	1
2		6	1		4			
	4	7			3	1	5	8
1	2	9		6		4		7
			4				6	

PUZZLE - 36

Easy

4	9	1		8	6	5	7	2
3	2	7				1	6	8
		6	7	1	2			4
			6			2		5
	3			2		7	4	
7	6	2		3		8	1	9
2					3		5	1
6		3	2	5		9	8	
5	8	9		6	7			

PUZZLE - 37

Easy

	3	4		5		2		1
5		8				7		
	1		2	4		5	8	
	7		8	6	3			
3	4	5	9				1	8
8	6				4	3	7	9
4	9	6	1		5	8	3	7
7		3		8			4	2
2	8		4	3			5	6

PUZZLE - 38

Easy

8	5	3				9		
1			3	5		2	8	4
4	6	2		8	9	3	7	
	4				5		9	
		5	2	9			6	
9	1	6	4	7	3	5	2	
6		8				7	3	
7	3	4	9	2	8	6	5	
	9	1		3	7		4	

PUZZLE - 39

Easy

4	7		1	5	9	2	3	
	3		4		2		1	
2	9			3	6	4	5	
1			3				4	2
	6	4		2	8	1	9	7
8	2		9		4		6	
	8		6	4		5	7	3
			8	9	5		2	1
5		6	2			9	8	

PUZZLE - 40

Easy

				8	7	9	3	
8	3	9		2		1	4	7
	4				1		6	
	7	3	5		8	6	2	
1	8	2		6				
5	6	4	1	9	2	8	7	3
3	5	8				7	9	4
		7	8	5	4		1	6
	1					5		2

PUZZLE - 41

Easy

	6	9	3	5			7	
3	2	1	6	8		5	4	
8		5		9	4			6
7						4	9	1
				4	3	8	5	
5	1	4				3		
9	5	2	8	3	6			4
1	4	3	7	2		6	8	5
	8		4	1	5			3

PUZZLE - 42

Easy

3	1	6	9	5	2	4	8	7
2	9	8			7	6	5	3
			6	8		1	2	
	4	9	8					
				3	9		6	1
8		3		2	1	9	4	5
9	2		5		6		1	8
6		7			8	5	9	
5	8			9			7	

PUZZLE - 43

Easy

		9	2	8	4	1	5	6
	4	8	9		6		3	
5	2						4	
4			7	9	1		6	2
	6	1	5		2	4	8	9
	3				8	7	1	5
			6	1	9			3
		3	8	2	7	5	9	4
	9		3			6	2	

PUZZLE - 44

Easy

7		4		2	8	1	3	
2	8		3	5		6	4	7
	6	3				8	5	
3	4	1		8	5	2	9	6
			1	3	4	7		5
8	7	5	2	9				
6						3		4
		7			2		6	
4	1	2	9	6	3	5	7	

PUZZLE - 45

Easy

1	4	7		3	8	5	6	
8		2			6	9		1
6		3	2	1	5	4	7	
	1	8		9	7	6		3
7	3	5			2	1	9	
							2	7
	2		1	6			8	
4	8	6	5	7		2		
5		1	8	2				6

PUZZLE - 46

Easy

1	2	5		3			8	9
9	7	3	2		8	6	5	4
6	4	8	9	5	7		3	2
3			4			5		
	9	7	3		1	4		
			5	9				3
			7	2	3	9	4	5
			1	4	9	3		
	3		8		5	2		7

PUZZLE - 47

Easy

		1			4	7	9	2
				1	7	6		8
3		7	6	8	9		1	5
	9	3	7		1	2	8	
4	7	2		6	8	3		
		8	3				7	6
7	8		4		5			
	3	5	1	7	6			9
9	1	4	8	2			6	

PUZZLE - 48

Easy

8		3	7	9		6		
	4			6	1		8	
6	1	9				3	7	4
3			6	7	9	1	4	8
9	7	4	8	1		5	6	3
1					3			7
4		1		2			3	5
	9	8	4	3		7		2
2		7			5	4		

PUZZLE - 49

Easy

5	9	2	1	4	6	3	8	7
3		7	9	2		1		5
	6		5	3	7	4		
	2					7		
4	1			7		2	3	8
	8		2			6		4
2			8	9	3		4	
		4	7	6		9		
9	3	6	4	5	2		7	

PUZZLE - 50

Easy

2	8		3	7		1	9	6
9				1	6	2		
7	1	6	2	9		4		
	6			5		8		
		8	9	3		5	6	7
		1		6	7	3	4	2
	4				9	6	5	1
6	5	9	1	8	3	7		
1	7						8	3

PUZZLE - 51

Easy

	1	8			2	5	9	
6	4	2		5	9	8		3
9	5		8	4		7		
	6		3			2	4	
1				2	5			9
8	2	4	9	1				7
		1	2			9	7	5
2	9	5		8	7			6
3	7			9		1	2	8

PUZZLE - 52

Easy

		5	2	6		8	7	
2	7			3	8	6		
	6	3	9	5		4	1	2
3		8	1	7				
7	1		6	9			3	8
6	5	9		8			4	7
1		6	7	2				9
5	3		8	4		7	6	1
	8						2	4

PUZZLE - 53

Easy

9		2			6			3
	3			8	2	9	1	5
	5	8		3		2	7	
	1				7	5	4	8
5	9		4	1	8		6	
4	8		2	6		1		
			5	2		7		4
7	2		6	4	3		5	
	4	5	8	7	9		2	1

PUZZLE - 54

Easy

3	1	9	2	4	8	5		
7	6						4	9
2	4	5	9	6	7		8	1
8		6			3	1	9	
9	7	1	5	8				
				9		7		
		7	4	5			3	2
5		3		7	9	4	1	6
1	8		6		2	9	7	5

PUZZLE - 55

Easy

7	1		2	5			8	9
			8			1	7	
8	3	4		7		5	6	2
2	5	7		1	8	9	3	6
			5	9	7	4		1
4	9			3				8
5		8	3		1			
	7	2	9	8	5	6		
	4	9		2	6		1	

PUZZLE - 56

Easy

	4	3	9	5	2	7		
7	5	8				2	3	9
					7		4	6
8	9		5	3	6			
3	6	5	2	1		8		
		4	7	9	8			5
1	3	6	8		5	9	7	
4					9	1		
5	7	9		2	3	6		4

PUZZLE - 57

Easy

2	8	9	1		6		5	
3		1	8	5		6	9	7
		5	9	4	3	8	1	2
4		7			5			
6		8			9	2		3
	1			8	7			6
8	3	4		9	1		2	5
1	7							9
5			7	3	4		6	8

PUZZLE - 58

Easy

6	5	7	2		4			
8		3	7	1	6			
4	2			9	5		6	
1		2	5		8			9
		9	6	2	1			7
5				4	9	6	1	2
		5	4	6	7		9	
9	3		1	8	2		7	
	8	6		5	3	1		4

PUZZLE - 59

Easy

6	1			8	5	3	2	
2		3	1	6	4	7	9	
9	4			7		6	1	8
	6		3			9	4	7
3		4	6		7	2	8	1
1	7		8	4	2		3	6
			7	2		1	5	3
5	3		4					
			5		8			

PUZZLE - 60

Easy

		4	7	3		8		1
	3	7		1		5	4	6
	6	1	4	2			3	
			3	4		7	6	5
1	4		5		7	2		
			8	6		1	9	
6		8	1	5		4		9
3	1		2	7	4			8
	7	5		8	9		1	2

PUZZLE - 61

Easy

7	2			9		4		
1	9	3		4		7	8	6
	6			3	8	1		9
3	5		4	1	7	8		2
	1		5			6	4	
8				2	9	3		1
4	7	9	3	5			6	8
	3	5		7				4
2		1				5	7	3

PUZZLE - 62

Easy

4	2	9	5	6	8		3	1
			9	2		8	5	4
8	5			7			6	2
		6					4	
9	8	5		3	7			6
			2	9	6	5		8
5		7		1	9	2	8	
6	1	2	3			4		7
	9			4	2	6	1	

PUZZLE - 63

Easy

8	6					7	1	5
3	4	7	5		1			
9	1	5		7	8			
7	3	8	6		5			
2			1	9			8	
4	9				7	2	5	6
		9		4	3	5	2	
5	2	4		1	6	9	3	8
		3	9	5		6		4

PUZZLE - 64

Easy

		5	6	7			4	2
8		6		5	4	9	7	3
	7				9	5	6	1
7	4		2		5	1		6
6		1					2	5
2	5	9	4	1	6	7		8
3				6	1	2	5	7
1	6	7	5		2			
				8		6		4

Intermediate

PUZZLE - 65

	9		2			4		5
	6							7
4	3	5			1	9	8	2
	2				3		7	4
	4	8	5	7	6	3	2	
6	7	3		1	2			
3	1	4	6	2	5	7	9	8
2	8	9				5	1	6
		6	1	8	9			3

PUZZLE - 66

Intermediate

7	9	1				3	5	
2			1	5	3	9	6	7
6		5	9		8	4	2	1
5	2		6	1		8	7	
8		6			7		9	
	7	9		8	2	6	3	
	6	8			5			
3				6			4	9
	1			2			8	6

PUZZLE - 67

Intermediate

		8		9	4			6
9			7	6		1	8	
			8		2	4		9
3		9		1				5
	7	2		4		3	6	1
	5	1			3	9	2	
2	9	3	4	5		8		7
5			3			6	9	
		6	9	8		2		3

PUZZLE - 68

Intermediate

7	5		6	8		3	9	1
2					4		8	7
1				5	3	2		6
6			5	3	9			
5		2		7			6	3
9		3		6	8		7	
3	6		1	2		4		8
8	2	5	3				1	9
4	1				5	6		

PUZZLE - 69

Intermediate

7	5	9		1		4	3	
		3				1	9	
1	6				3	7		8
4	7		3			8		
	9		7	8	2	5		3
3	8	2		4		6	1	7
	1	6	4	3	8	2		5
5		7					8	1
2	3	8				9		4

PUZZLE - 70

Intermediate

1		9						
		8	6	4		3	1	
			1			7	5	6
3				8		2	9	7
5		4	9	2	1			3
			3			5		1
9	4	7	2			6	8	5
6	8				9	1	3	2
2	3	1	8	5		9		

PUZZLE - 71

Intermediate

4		6	2	7	1	5	8	
5	8			4	9		1	6
		7		5	6	4		9
9		3	1		7	8	4	
	1		9				3	
6		4		8			9	7
3	4		6					
8			4	3		9	6	
		9		1	8		5	4

PUZZLE - 72

Intermediate

4		3	6	8	9		5	7
5	2	9	1	4	7	8		
		8		3	2	4	9	1
8						1		
9	4		8	1	3		2	5
7	3	1	2	5		9	6	8
2		5	3		1			
	8		9				7	2
				2				

PUZZLE - 73

intermediate

			9	8	7		4	2
	6	2		1		8		
8		4	2	3	6		9	1
	4		1	6	3			
6	9	1		7	2			
2	8	3	4		5			6
3			6	5	1		8	
4			7		9		6	5
7			3		8			9

PUZZLE - 74

intermediate

7			2	4	5		8	6
8	2	5		1	3	4	9	
4	3		7		9		1	
			9	2			4	3
	6	4	1		7		5	9
3	1		4			6	7	
9			3	6	1	5	2	
	8	3			2		6	
6	5					9	3	1

PUZZLE - 75

Intermediate

2			9			5	7	4
6	5	9	8		4		3	
3				2				
	4	7	3		6	2		5
8			1	4				
9	2	6		5		4		3
4				3	7	6	5	
7	1		6		5	3	4	9
		3	4	1	9			7

PUZZLE - 76

Intermediate

	8		2	7	9	1	4	
7		5			1	8		
1	9	4	6	8		2	7	
2	6	8		9	7	5	3	
9	3					4		
			1	3		9	8	6
5	4	9		2		6	1	
3		2	9	6	8		5	
		6	5	1			9	

PUZZLE - 77

Intermediate

	1	3	7		2		5	8
	2	5	8	1		9	7	
9	8		5				3	
1			6		5	7	8	
	7			3	9	4		6
3	6	2						5
				7	8	5		9
	3		9		6	8	4	2
	5		2	4		3	6	

PUZZLE - 78

Intermediate

4			5	9	1			7
3							6	5
		8		7		9	2	
		6		2	5		9	3
9				6	7		4	2
7	2	5		3	4	8		
5		4	7	8	2	6	3	9
2	9	7		1	6		5	
6		3	4		9			

PUZZLE - 79

Intermediate

6		4		5	3		9	7
7	9					5		3
8			9	7				4
3	4	8	1		2		5	6
	5	7	6		8	9	3	1
1				3	7	8		
		2	3		5			
				8		3	7	9
4		3	7	1	9	2	6	5

PUZZLE - 80

Intermediate

2	1	5				9		3
6					7		4	
		3		5			2	8
8		2		1	9		5	4
9			5	8		7		
		7	6	1	3	8	9	2
	7	1		9			6	5
	2		4	7		1		9
		8			6	4	3	

PUZZLE - 81

Intermediate

3		8			9	4	7	5
	1		3	7	5	8	6	
7	5	9			6		3	1
5		2	4	6			9	
9				8		6	2	3
8	7	6		2		1		
			6	9			4	
	2	5			8		1	
6		7		5		3		2

PUZZLE - 82

Intermediate

7		2	8	3			6	1
3	5	8				7		2
9		1		4			3	
1		5	4		6	3	2	7
8				7	1	4		
4				2		5	1	8
5		9		6			7	4
2		4	7	9		6		
6					4	2	8	9

PUZZLE - 83

intermediate

	9		7			8	2	
7		3		1			5	9
8	1	6		2				4
6		4			3	7	1	
2	3	9		5	7	4	6	8
5	7			8		2	9	
	6				1	5		
1				7	5		3	
3	5		9		2	1		7

PUZZLE - 84

intermediate

1	4	5		8	9	6	7	2
	9	8		7	6		5	3
3					1	9	8	
	1	7		4	2	3		8
		3		6		4		
	8			1	3	7		6
4	6	2	1	9	5		3	7
	3	1	6	2	7			9
		9	8			2		

PUZZLE - 85

Intermediate

	7		8		4	3	1	
			9	7	3		6	
3	8	6	2	1	5	9	4	7
1	4	5	3		9	6	7	
		8	1		2		3	
9		3				1	8	
8			6					1
5	3	7	4	9			2	
6	1	4	5					3

PUZZLE - 86

Intermediate

2	7		5		6		3	8
8	3	1		4		6	7	
9	5			8	7			
1	4	5		2				9
	2	9			5	8		
7				9	4	3		
5		7	9	3		4		
		3		5	8		1	7
6				7	1	5	9	3

PUZZLE - 87

Intermediate

		1	5			3		4
5	3	4		1				9
8	2		3	6		7		1
	5		4	3		6	8	
4	1	7		5			3	
3	6	8	2		9	4		
2		6	9	4		1	7	
7	9	5				2		
1	4			2	7	5		8

PUZZLE - 88

Intermediate

	6		3			1	9	7
8			1	6		2		5
	3	7		5		6	4	8
	1		7				8	
			8	4		7	1	3
	8	3	2	1		4		6
3	9			7	8	5		
	7		5	9	3		2	
	5	8		2			7	

PUZZLE - 89

Intermediate

		1	8	4	2			5
5				7			6	
2		7	5	3	6			
9	5	2					7	
3				5	4	8	1	9
	1	8	7		9			
8		5	1	9	7		4	
7	4		6	8	3		2	
1		3	4		5			

PUZZLE - 90

Intermediate

	4	3		2	5			
7	2	1	6	3	8	9		5
9		8		7	1	3	2	
1	3	4	8			6	5	2
	6			4	2	8	9	
2	8	9	5		3	4		1
			7	8	6			
4	7	2					6	8
8							3	

PUZZLE - 91

Intermediate

				8				
7	4	9	6	2			8	
8		1	3	4		9		
	9	7	2			8	5	1
4						3	7	
6	8		1	3	7	4	2	
2	5		4	7	3	1	9	
1		4	8		2	6	3	5
9				1		7	4	2

PUZZLE - 92

Intermediate

1		2		3		9	4	5
	6	9		5			2	
4		5		2	9	6	7	8
			9	1		2	8	4
2	1	8		6			9	3
3	9							
5			6		2	8		
		1	3	4	7	5	6	
	2	6		8		4		

PUZZLE - 93

Intermediate

9		4		1	2			5
		2	8	3	5		9	
6		8	4		7	2		3
5		6	7			1		9
	9	3		6			2	7
1			3	2	9	5	6	
	4		1		3	6		8
3			2	8		9		
8		1	9	7		3		

PUZZLE - 94

Intermediate

4	7	8	1	6				9
3		5			8	6		
1	6	9	4	3				
			9	4	1	3		2
		3	8	2	6		5	7
				7	3	9		4
	9		6			7	1	
8	3	4	2	1				6
6	1				9	4	2	8

PUZZLE - 95

intermediate

9			6	3	1			2
7				9			3	
1		3		8	4		6	
	3	9		7	8		2	
4				5		6	8	1
	1	5		4	6	7		
3		7	4	6	5	2	1	
5	8		9	2	7		4	
2		6	8		3		5	

PUZZLE - 96

intermediate

	7	9	2		8	3		
8		4			1	2	7	
1			7	4	9		6	
	6	2			4	1	9	
5	9				7	4	3	2
		7	9	2			8	5
	4	6	8	1	5	9	2	
9			4		2	8	1	
2		1	3	9			5	

PUZZLE - 97

Intermediate

3		7		6				9
9		2	3	7	1		6	4
8				2	9		3	
4		3	7	5	6			
		5						6
			1	3		4	5	
5		1	2	8	7	6	4	3
2	3					9	7	1
7	6	4	9	1	3			

PUZZLE - 98

Intermediate

	3		9		5		6	2
5			6		2	9	8	3
9	2		7		3		4	
8	7	9	5	2	6			
1	5			9		6	2	7
2	6	3	4	7	1	8		5
	8				4	3		
	9	2	1	6				
				3	9			

PUZZLE - 99

Intermediate

	1			9	3		2	4
	8	4			7	3	6	
		6				1		7
8			3	6	9			2
	9	2	7	5	8	6	1	3
	6		4		1		9	8
	2	8	9	7	5			6
		9		4		2	8	5
	4	5	8			9	7	1

PUZZLE - 100

Intermediate

4			1		6	2	5	
				5	2	7	1	3
5	2	1	9	7		4	8	6
2		9	5		7	3		8
1			2	3	8	5	9	4
		5		9	4		7	2
6	9	4						1
		3	8	4				
8	5	2		6		9		

PUZZLE - 101

Intermediate

	3	4	8		7			
7			9	3	2	4		
	9	2	6	1	4	8		7
	7	1		2		9		
2	4		7	8	6	5		
	6				9			
4	5	6	2		1		9	8
9			3	6	5			1
				9	8		7	5

PUZZLE - 102

Intermediate

8		9		3	7		1	4
	4	7		2		3		8
1	3	2		8	4	7	9	
4		3				1		7
2	6			7	8	5		
	9		3	1			8	2
5	2			6	3	9		
3	1	6	7	9				5
	7	8				6	2	3

PUZZLE - 103

Intermediate

2	4	8				5	6	1
3	9		8	1	6		7	4
7		1	2		5		8	
		7	1		4	9	3	5
	8	9		2	3		1	7
		4	9	5				
		6	3			1	5	2
			5	7	2			6
	5		4		1	7	9	

PUZZLE - 104

Intermediate

7	2							
9	3		8	4		2	6	1
8	6		2	5	9	3	7	4
1	4	3	5			9		
2	8	9			3		5	
			9				8	
		2	6	3	8	7	1	9
6			4		5	8	3	
3	9	8		1	2	6		

PUZZLE - 105

Intermediate

7	8			6		4		
6		5	9		4			
	3					5		7
	2		7	9	6	1		5
5		3	4	1			9	8
1	9		8	5	3	2	4	6
9	5		1			3	8	
3	7	1	6		8			2
	4	8	5		9	6		

PUZZLE - 106

Intermediate

		3			2		6	4
8	4	1	3				7	2
2	9				7		3	
6				7			4	1
		8	2			3	5	9
9	2			3				
4		2				6	9	8
	8	9	6	2		5	1	7
5	6	7	1	8	9		2	

PUZZLE - 107

Intermediate

				2	1	9		5
	5	1	4			7	2	
7	2	3	9	5				4
2	4				9	3	1	8
3	1	5	2	7	8		4	9
		8				5		
5	7	4	1					
			8		5	4		7
		9		4	7		5	1

PUZZLE - 108

Intermediate

7		1		4	8			5
				3		9	7	
9			5		7	8		
5	4	6					8	9
1		9	8	7	5	4		
		3		6		1	5	
6		2	3			5		
	8		7	9	2	6		1
		7	1	5			3	8

PUZZLE - 109

Intermediate

		9				8	6	
1		8			9		3	
2	4	6			3	5	9	1
		2	9	5		7		3
	7	4	8	3	1	6	5	
3	1	5	2		6			9
	9	7		6	8	3	2	5
5	8		3					6
6			4	9	5			

PUZZLE - 110

Intermediate

		5					8	7
4					7	6	9	
	3	7	5				4	1
3	4	9	7	5	2	1		
2	5	8		6			7	3
6	7	1	3	4	8	9	5	
7		4		1			3	6
		3	6	2	5		1	
5		6	4		3	8		

PUZZLE - 111

Intermediate

		8	3	9	2		7	
				5	6		8	1
2		5	7			4	9	3
	2	6		4	1	9	3	8
3	4	9	8			1	5	
	5			2	3			4
6	3	4		8	9		1	7
		2	6	7		3	4	
	9			3		8	2	

PUZZLE - 112

Intermediate

7	9	6	2	1	5			3
	3	2	4	9				
5		8			7	2	1	
6				5	9	3		2
8	2		1	7	4	5	9	6
	5	7	6	2	3	4	8	
3		9	5			1		7
			7				5	8
				1				

PUZZLE - 113

Intermediate

7		6	9	5	3		4	
				2		7	3	
			4					6
3	4	8		9	5	6	2	7
9		5	8		2	3	1	4
1	2	7		6	4		9	8
6	8		5				7	
4					6			5
	7	9		3			6	1

PUZZLE - 114

Intermediate

3	5		8	4		6	7	2
6	8	2	3	7	9	4		
4	1			2				9
	7	3	5	8		1		6
	6				2	8	5	4
	4	5	1		6	2		
7		4	2					
				5	3		4	
	3		4	6	7	9	2	1

PUZZLE - 115

Intermediate

			2			5		
1	2	4	8	9	5	3		
		6	1	3	4		9	
5	8		9			6	1	3
6	3				8	7	2	
2					3		8	5
3	6	2	4	8	9		5	7
4	1		6	5				
9		5		2	1		6	8

PUZZLE - 116

Intermediate

		4	1		8		6	
	2	8			3	1		
		6				8	3	
7				1	2	9	4	8
2	4		5	8	9	6	7	
	6					5	2	1
		7	2	9	4		1	
		3		5	1	4	8	
4		2	8	3			9	

PUZZLE - 117

Intermediate

7	1	4	8	5				9
		6			9	2	7	8
8		9	3	6				
	3			8	6			
		2		9	1		8	7
5		8	7	2	3	4	6	
9	7		6		5		2	
2	4	5	9	3	8		1	
6	8						5	3

PUZZLE - 118

Intermediate

5		3	4	8	7	2		9
		8		5	2		6	
2		9	6	1		8		5
			1				7	3
		5		9		1	2	6
1	3		2	7				8
	5	7	8			9		
9		4		3	1	6		2
		1	5	6		7	8	

PUZZLE - 119

Intermediate

6	1			2		4		9
	9			6	1	5	7	
	2			8	5	1		6
5	7		8		6	2		
2	8		1		4		9	
				3			5	
1	3	2	6					5
8		9	5			7	2	
	5	7			9		6	3

PUZZLE - 120

Intermediate

	1			5			9	6
			7	9	6			
	9	7	1					
			4			1	6	5
1	5	8				9	3	4
4			9	1	5	8	7	2
9			2		4	3	5	7
3		6					1	8
2	7		8		1		4	9

PUZZLE - 121

Intermediate

8	4	9			1	3		6
	1	7		4		9		
6	2	5		9	3	8	1	
		8			2	5		1
4	6	2		1	5			
	7		9				4	3
2	9	3		5	4			7
7	8	4					3	
						4	2	9

PUZZLE - 122

Intermediate

	4	7		3		1		
			1	5			7	
		5		4	2	8	9	3
	6			2	7	9	3	
7	8	2			3		1	
3	5			6			2	
5	7		3	8		2	4	1
1	3	8			4	6		9
9			6	1	5	3		7

PUZZLE - 123

Intermediate

	7	9	6		1	5	4	3
	2				3	7	1	
			7	5	4		8	9
		2		3	6			5
			2			9		
	4	6	9	1	5	3	2	8
		3	5		2		9	7
6	5	8	1				3	
2	9		3	4	8		5	1

PUZZLE - 124

Intermediate

9	6	1		3		2		
8	3	4	6	2	5	9	1	
2	5		4	1				6
				8	4	5		
	8		9		3		2	1
7	9					6		
3	4	9	1	7		8	6	5
5	1		3		6		7	
		2	5	4	8	1	9	3

PUZZLE - 125

Intermediate

6	1	5		8				4
	9	2	3	7		5		1
7		3	1	6				2
	5	8		9		6	4	7
2	6	1	5	4			3	
				3	8	1	2	5
	2	9	8		6	7		
5		7		1				6
1	3		7	2		4	5	

PUZZLE - 126

Intermediate

	1			9	4	3		7
3	7		2		1		4	5
9		4		7				6
4	8		3	6	5		1	9
1			7		2	8	6	
7		3	8					2
	9	5	1		7	6		4
2		1	9	3		5		8
6		7	4					1

PUZZLE - 127

Intermediate

7	5	6	1	9			3	4
1		9			3	8		
3				2	5	9		
5			2	4		6	9	3
2		3		5	6		4	8
6		4		3		5	2	
8			3	1		7		9
9	3	1						2
4	7	5			2	3		6

PUZZLE - 128

Intermediate

		3	4		2		5	8
2			7	8		1	9	
6		8				7	4	
		2	5	9	7		3	4
8		5		3	1	9		7
		9					1	5
4	3	7	6	2			8	
5	2	6		4	8		7	9
9							2	6

PUZZLE - 129

Hard

		7		3		4		
	6		9			3	7	
3		4	7		6		2	
2	1	5		6		8		
7				4		6		
4		6			2			7
	2		6	8	9			
	4		5	7			8	9
	7	8		2			1	6

PUZZLE - 130

Hard

2	9		1	6		3		7
		1			7	2		
7			2					9
4	8	2			1	6		5
1				5	6	8		
6	3	5		4	2		9	1
		7	4	1		9		
5		8					7	3
	4			7				

PUZZLE - 131

Hard

		6	3		7			9
1	3		9	6	5	4		2
5				2			6	
	4	3	5			7	2	
2	9			4	1	6		8
	6		8		2	9		5
		8				2		
3		4		7	8	1		
				1	3			4

PUZZLE - 132

Hard

5	1	3						
		2		1		6		
6	4			9	2	5	1	
			9	2	8	7	4	
8	9			4	7	3	2	6
			5			9		1
2	3		4			1	5	7
1	7	8	2		6			
				3	1			2

PUZZLE - 133

Hard

2							8	
8		3						6
6	4		3	5	8	2	7	9
9	1		8	7	5		6	2
3		5				7	4	
	2	8		4				
			7					
		2	5			8	9	1
5				1	4	6	3	

PUZZLE - 134

Hard

		9		4			6	
					7	9		
4		7		9	8			
6		8	5			4	7	1
9	4		8		6	2		3
	7	5	4		3		8	9
		3			2	7		4
		4			5	8		
	1	2			4	3		

PUZZLE - 135

Hard

2			1	9				
5	8		2					9
7		9	8		4	1		
	1					8	5	
9		2	7			6	3	
			3		1		9	
1	7				9			
	9	3	4		2	5		7
8		4		7	3	9	1	

PUZZLE - 136

Hard

9		7				3		5
		5	6	9			8	
	3	1	4					
7	5		8			1		9
	9		5	3			7	8
						1	5	3
			7	6		8		4
5					2	9		6
6	1			8		5	2	7

PUZZLE - 137

Hard

	3			1		9	5	
	9			6			3	4
4		7				1		
8	2			5		6		3
9		1		7		2		
	7	3						
7	4		5	2	8		6	
	5	2	9	3	1			
3		8	7			5		2

PUZZLE - 138

Hard

			4	9	1	2	3	
	3	4	5		7			
9				3				
	9		2	6		3	5	
2		1		7				8
	8	6	1	4		9		2
6				8				
		5		1		4		3
8	4	3	7	5			6	

PUZZLE - 139

Hard

				1	9	2		
	9		4	8				
	8			5		7		
			1			3	6	
3	2				8	4	1	
9					3	5	8	
		5	9	2	6		4	3
1	3		8	4			7	
4	6		7	3		8		5

PUZZLE - 140

Hard

9		1	6			3	2	7
	8	6	3	7	2			1
2			4	9	1	8		
			7	1		5		4
		8		4	6	2	1	
	6	4	2		3		7	
8	1	9				6		
6					4			
			8					

PUZZLE - 141

Hard

	3		9	4			7	
1	7	8	2		5		9	6
			8		6			2
					3	2		5
3		7	4	5		8		
	4		1	8		7	6	
4	1	3		9				
	8	9	6			3		
5		6	3	1		9		4

PUZZLE - 142

Hard

9	7		5	6	1	2		
					3	9		4
	8	3	7		9	6		
3		9	6	5				
	2			9	4			5
	5	6		3		4		
6			9	7		8		
4	9				8			6
		7	4		6			2

PUZZLE - 143

Hard

5			1		3			
		7	5	8		2		6
4	2	8	7	9	6			5
2		5		4	7	6	8	
				6	2			7
8		6		1	5		4	
				3	9		5	
9	4	3						
		1					2	9

PUZZLE - 144

Hard

		7			8		3	
	1	2	9			6		8
8	3		7		6			5
	9		4				5	
		8	2	5	3		6	
3		5		1	9		2	
5						3		2
9				7	2	4		
	2	6			4		8	7

PUZZLE - 145

Hard

6	8			9	7	1	3	
		4		6	3	8	9	2
9				8		7	5	6
2			8			6	4	
8		1	3				2	7
4					2		1	
		9	6	3	8			
1	2							
		7	1		9			

PUZZLE - 146

Hard

8		9		3	4		1	6
		4	9					8
		3	1		5		9	
	7			2				1
	2			4	9			3
		5			1		6	
	3	6					2	5
9			6	5	7		3	
5		7	2		3	6	8	

PUZZLE - 147

Hard

2			8			9		
					9			2
		8	4		2		3	5
6	2			9	7	3		4
						2		7
	3	7	5			6		
1	8	2	9	4	5	7		
	7			3	8			9
	9	4	7		6	5		8

PUZZLE - 148

Hard

	6		5		9	4	2	1
	1		6			9		
	8			3			6	7
5				1		7		6
8		6	4		5			
2		1			3		5	
			7			6		8
		8	3	4	6		7	
	2	7		5		3		9

PUZZLE - 149

Hard

	8				2	3		
3		6					4	2
9	5	2	3		7			
	4	9	7	1			5	8
		8	9	2	4			
		1	5		6			
		7	4		8	9		5
	9		2		5	4		1
4	2						8	

PUZZLE - 150

Hard

		5	1	3	2	8		4
			6	8	4	5	3	
4	8	3	7				6	1
	3			7	9			5
9			2			7	8	
			8					
	4						5	6
8	6		5				4	
5	1		3		6			8

PUZZLE - 151

Hard

	4				5		8	
	5					4	1	
8		3		4				
9	3	5	4		8		6	1
1				6	7		3	
	6			1		9	2	4
5				9	2			
	8			5		1	9	6
4		9	1	3	6	2		

PUZZLE - 152

Hard

2	1					6		
8			1	2		4	7	
7	6	4			9	1		
3					4	5	1	
			8				6	
	2		3	6	1		8	
6		2			7	8	4	
4	3	8	6		2			
		9		5	8		3	

PUZZLE - 153

Hard

			6	5	9			7
1	6	7						4
8								
5	7			8	4			
3		8		6	2			5
		6		1	5		3	
2	9		5	7		6	8	1
						7	5	
7	1			9	6	3	4	2

PUZZLE - 154

Hard

4	3						5	7
	7		3		5	4	1	2
		5				3		
	9	2	1	4			8	
			2		6	9		
		3		7		5		4
9	5					2	4	3
	2		5			1		8
	1	4	8	9		6		

PUZZLE - 155

Hard

	1	8						
	4		1			2	6	9
			4	6			7	
8	5	6			1			2
					8	5	4	3
	3	4	5	7	9			
	6	3	8				2	
	8		9	3		1		
	7	1	2	5			8	6

PUZZLE - 156

Hard

7				4	6	8	9	
	9		2		1		4	5
	6					1	7	2
			1		5	2		
			8		7	9	5	
	2		9				6	8
	4	1			8		2	
8	5				2		1	
2	7	9	4				8	

PUZZLE - 157

Hard

2	8	7	1	9	5		4	
3			2	6				
				8	3	1	9	2
				1	8			
	3					7		
5	1	4	3	7	2			8
1	2	3	4			6		9
7		8	6	3	9		1	
	5	6	8					

PUZZLE - 158

Hard

		8		6	5	3	9	
2	5	6	4					
1	9	3	8		7	4	5	
				1				3
			9	4	8	5		
					2		4	9
	1			3	4	9	2	
	2	4					3	8
6	3		2					4

PUZZLE - 159

Hard

2		4	8			9		
6	9		3	4	5	2		7
		7		9	1		4	6
			6					2
4					3		7	
5	8				7		9	
		2	7					1
	3	1			8		2	9
				1	2	7	8	3

PUZZLE - 160

Hard

		4		1	5		8	
9		5		2		1	7	
1		2	7	8		9	4	
		7	3		4		6	
2		9		6	1	5		
3						8		
	9	8		4		3		
6	7		1		2			8
	2					7		6

PUZZLE - 161

Hard

				1			5	3
6					3	2		
			9				8	
8	6	7		3	4			2
	4	5	2			3	7	8
		3	8		7		6	
		6	1	8				
7	1	8	3		5		2	
5		4		2	6			1

PUZZLE - 162

Hard

	3	6	8	4				
7				9				8
8	9	1	7	6				3
6			1	2		3		4
	8			7		1		5
4	1		5				6	
		8	4	3		5	1	
1	4		9		6			
		9		1			7	

PUZZLE - 163

Hard

6	2	3	8	4		9	1	7
7		5			9	6		2
		1						5
	1			9	7			8
8			6		1		7	3
3		6		8			2	9
5			7		3		9	
1	3				2		8	
			4	6			5	1

PUZZLE - 164

Hard

		3			1		2	8
4	5							
	8		9			4	6	1
	6	9	4	2	7			
3			8	1	9		4	
7	1			6	5			
1		6		9	4			2
9	4	2	1	7		6	3	
		8			2	9		

PUZZLE - 165

Hard

6	8	4				1	9	
	2	3	9			6		
5			8	6		3	7	2
	6		4					7
		8	6		5		4	3
4			3		9		6	
						2	1	6
	3	2			6	7		
1		6			7			9

PUZZLE - 166

Hard

2		5	9	4		7		
	3	4		6	1		5	9
8	1			7				
	7				2	9		4
5	8		3			6	7	1
	9	7					8	2
3		6		8	7			
		8	1	2	9	3	6	

PUZZLE - 167

Hard

3	4		7				1	
		6				9	8	3
8	9	5			3			
			5	6				
	1	4	2		9			
5		3	8		1			
	3	7			5	6	2	9
			9	2	4	7		8
9		8			6		5	4

PUZZLE - 168

Hard

3			2	7		5	1	
6					5	8		2
		5	8	1			6	
9		8	5	6		4		1
1				8	7			
4		6		9			8	
		4			8	1		9
7			9			3		
	9			2		6	4	5

PUZZLE - 169

Hard

4			7	2				
2		1			6	3		
	5	6			4		2	
5	1	2				7		
	8				2	9		4
		4	3	7		2		8
1	4	7		5		6		
3				4	9	5	7	
		5	1		7		8	

PUZZLE - 170

Hard

1	2						8	
6		5					1	
		9	7		2	6		3
	6		5	7	9			
7				2			9	6
2	9					7	3	5
		2		9	3	5	7	
9	8	6	2	5			4	
			1	4		2		9

PUZZLE - 171

Hard

3				7	9		2	
7				2	3		6	
			4	8			5	7
		3		1		7	4	5
1		4	9		7			6
5	2	7					9	8
		9		6	5		7	
6			1					9
4		5			8		1	

PUZZLE - 172

Hard

2		8		3	1	7	4	
	9		7		8			
	7		4	9		5	8	1
	6	7		4	3			
9	2	1		7				
			9			6	7	
8	4	2			9			
6	3		1	2				
7				8		3	2	

PUZZLE - 173

Hard

				6		7	3	
2			8	4				1
9			7		5			6
			3	5	2		6	
4		8				3		2
6		3		9	8			
				8		6	2	3
8	7		9		6	1	4	5
3	1		5			8		

PUZZLE - 174

Hard

	4	3	6	5			7	9
5	6	9	7			3		
	2	7		9			8	
3		4		6			2	
		1			9			4
	9	8		2	5	1		
		2		4			6	3
	3	5	9			8		
		6	2		3			

PUZZLE - 175

Hard

	9	8						
3		4	8			5	7	6
5			4	3	6	1		
1		7	6					4
		5		4	2		3	1
2			9	1	3			
			5			4		3
4		3		8			6	7
		9		6	4			5

PUZZLE - 176

Hard

	1		2	3		5	4	
					5		2	6
	4	5	9		1			3
9	3	7	6		2		5	1
	2			5	4		9	
								2
		3	5	1	8			4
	8			9	3		1	
4		1					3	8

PUZZLE - 177

Hard

7					3			
5			4	6	1		8	
9	1		8		2	4	5	3
1				5			3	
4	6	5	3	2	8	1		
3	8		7					4
6	7	4	9	8	5	3	2	1
	3				6	9	7	5
		9	1	3		8		

PUZZLE - 178

Hard

	1			7	4			3
	3	4			9		1	
6			5					4
			3	8	4			9
	4	7	2			8		
3			4	9	6			7
	9			4	2			1
4	2					3		
5	7	6	1	8	3			2

PUZZLE - 179

Hard

8				1	7	4		3
			9		2		8	
			8	4				
3			8	5	6	9		
	9	6				8	3	
5			3	4		6		
	5				3	2		4
	3	2	4	9		5		1
	7	4		6	5	3		

PUZZLE - 180

Hard

	2		8	1		7	3	4
		8	7		3	9	2	
4	7			6	9			8
	5	6		3		4		1
	4		6			3		
8	3		1	5				9
1							4	5
		4	5			8		7
2	8		4	7		1		

PUZZLE - 181

Hard

2		3		1		6	5	4
		7		5	6			2
6		1		2		9		
1			5			7		6
		9		7				5
5	7	6				3		9
4				6	1			8
7	6	5	4	3				1
					5	4	6	7

PUZZLE - 182

Hard

8					4	9		5
4		3		1		6	8	
9	5	2			3			
3						2	5	
2		4						8
			4	6		3	7	9
		8	2		9	5		
	2	5	1		6		9	
1	4		5				2	6

PUZZLE - 183

Hard

8			6			9		5
	1	4						
7		5		9	4		8	3
		1	9	6	2			
	8		3		1	4	9	6
6			4			2		
	9		7		6			
	3	6	8	4			5	2
		2	1			8	6	

PUZZLE - 184

Hard

8			2	4	6	5	7	
6	9	7			5			2
			7				1	
	4		6	5			9	1
	8	9	1		2	4		5
			4	9	7	2		
	7	8				1		
			9	2			8	
	6	2			4	9	5	3

PUZZLE - 185

Hard

			1	6	4		5	
	4	6	8	5		1		
			2	7	3		8	4
7		4			2	3	1	
	8	5	4	3			7	2
	2					4	6	8
9	5	1		4		8	2	
			5		8	7		3
8	3	7		2				

PUZZLE - 186

Hard

4	7		3		8	2	1	
			4	6		7		
2		9	5	1	7	4	8	
	4			7	5			
7	2	8				5	9	4
5						6		
6			7				4	1
3	1		9	5			7	
		7	1		4			

PUZZLE - 187

Hard

			4	5	6			
1							9	
6	7					3	5	2
7	3	6			5		4	
		8	7	9			3	
5		1	6					
4	1	7	2	6	3	9	8	
9		3	5	4	8	7		
8							6	

PUZZLE - 188

Hard

6		8			1		4	
3		1	6		8		2	9
4		2						1
2						1		
	1		2				7	
	4	6	7		3	2		
7	2		1		4		8	6
8			9	5	2	7		
		9	8	6		4		

PUZZLE - 189

Hard

8			4		5			7
	7		3	6	2			8
	5		9	8	7			
7	8	1	6	3	4			
3	2					4	1	
9	4	6			1		8	
4	6		2				7	
	1		7		3	6	4	
			1			8	5	

PUZZLE - 190

Hard

			9	2	7			4
	5		6			8	2	1
	3					7		6
	7	8	5	4		3		
6	1							8
5	9	3	2		6		1	
		5				1	8	
	2	6	4	5	8		7	
		9	1			6		

PUZZLE - 191

Hard

		9			1			
	2	7	5		9		4	
	6		7				5	9
		5	4		8		1	
				1		9	8	
2	1		3				7	
8		6	1		4	7		
	3	4		7	6	5		8
	9			5	3		6	1

PUZZLE - 192

Hard

			3	5				
3	7	1	6			5	2	8
	6	2		7		9		
				3	7	6	8	
					9			1
		8				2	4	
6	9		7			4		5
1	5	7		4				
2		4		6	5	7	9	3

PUZZLE - 193

Very Hard

		7					9	2
5	2	8				4	7	
	9			6		5		
		9		5			4	
	5				3	8		1
	1			7				
	4	2		3			1	7
1	8	5			6	3		
	7	6						

PUZZLE - 194

Very Hard

	3		7		2		8	1
6			3	8		9	5	
			6					
					7		9	5
	9			2		1	7	
4	1		9	5			2	
				7				9
2				6	3		1	
	7		4		9			

PUZZLE - 195

Very Hard

	9		8	4	3		7	
	1				5			
	8					9	6	
9			2	7				6
		7		3		8	9	1
	6					2	5	
8			7	6		5	3	4
		4	3		9	6	8	2
5							1	

PUZZLE - 196

Very Hard

9		7		3				
		2		1		9	6	5
						1	7	
4		6			3		5	1
5			2	7	1	6	9	4
		1	5	6				8
							8	6
2				4				
1	4	8	3	9	6			7

PUZZLE - 197

Very Hard

	4						9	6
			5					1
		3		9		8	5	7
						5	8	
			4	5		7		3
		5	8		7		4	2
6	1					2	3	
2			1	3				
		9	2		8	1		

PUZZLE - 198

Very Hard

	2			3				5
	6	9	7		4			1
4		1	5	8		7		6
		2	4					8
	7			5	8	4		9
9			6				3	
		6						3
8	9							
3			9				6	

PUZZLE - 199

Very Hard

8		3						
						9	6	2
2			5		4			8
5	8		7					6
7				4			5	
1		9	6	5		2	7	4
		7			1			
			8		5		3	
		8	4			6		1

PUZZLE - 200

Very Hard

			2	8		1		
9	1							3
			4					
1				3				6
		8	1	5	7			2
			8	2		7		
7	8			4			2	
				1	2		7	
2	5	3	6			9	4	1

PUZZLE - 201

Very Hard

	6		3		8			
		1		6				
8				7		6	3	
6			5					
2				4	3	5	9	
							1	8
	2	9		3	6	1	4	
1		3	2					7
	5		7		1			2

PUZZLE - 202

Very Hard

					8		4	
6	8		2			5	1	
4	5			9				
9			8	3		1		4
1		6	4		9			
8				5	1		3	
		9	3	6		4		7
7		2		8				
				7				

PUZZLE - 203

Very Hard

	3		5					6
		4		6				
6				8	3	5	7	4
			2	1	7	4	3	
4	5		8			6	2	1
		3			6	9		7
9	7		3			1	4	
	8		9	4				

PUZZLE - 204

Very Hard

	2	9				5		6
		3			5			2
			2	6		1		3
		5	7		3			
				1				5
	9						2	1
7				4				9
	8	4	1	2				7
9	3			5		2		4

PUZZLE - 205

Insane

4		1	5		2			
	2						4	
	6		9		3		7	
	7	5			4			8
					7			
		3		8		5		
			8	2				1
				1	9			4
1						6		

PUZZLE - 206

Insane

	6		1			2	9	
					3	7		
			2					1
		1	5					
			6	7			3	
6		7		4	2			
		9	3					
4					6	9		2
			9				1	5

PUZZLE - 207

Insane

4					2			5
						8		
	6	8				3		
7		9		4				2
	3	4	1				7	
			2					
5			3	9				
	4	1				7	9	
			6		7	5		

PUZZLE - 208

Insane

9		6				3	8	
	3		8					1
				1			7	
3	4			5		8		
		7	3		9			6
			7		1			
						7	4	
		2			5	6		
			1					5

PUZZLE - 209

Insane

				2		8		
	2							5
7		5				1	2	
3	9							
		2		4		7		1
			6		8			
		8			3			
9	4		7	1			3	
			9			2		4

PUZZLE - 210

Insane

2		4	1	7				
			2		9			5
		3	8			6		
			6	2				
7	8		5			2		
			3				1	9
1					8			
		2						
			9	6		5	3	

PUZZLE - 211

Insane

1						5		7
	9							
				8			4	9
		6			9			
	4		2	3		1		
	7	5	6					
9					7	2		
			3	2	4			5
		8	9				6	

PUZZLE - 212

Insane

		7						3
6	9	2				4		
			9		4			
	5					1		
	8	3	5		6	9		2
4				2				7
8			1	7	9			
	2						6	
9								

PUZZLE - 213

Insane

8							4	3
		9	7		2			8
	1		5			9		
4			1					
	6				5			4
1		8			9	5		6
7				4				
	2		6	5				1

PUZZLE - 214

Insane

			3		6		7	
3	8							
	9			8				2
1				3			4	
5			9					
		9	1		5		8	
		4		7		5		
		1		9				
	3						1	6

PUZZLE - 215

insane

	1				9		6	
9					7			4
8	7	6	1		3			
				7	8		3	
		1			6		8	
	6		2					5
			3					
2	5					8		
			6		5			

PUZZLE - 216

insane

	9	2		5			8	
					4			1
6	1			3				
3		6					5	
				7	9			
8			4	6				2
			3		2		4	
			6	4				7
	8					6		

SOLUTIONS

PUZZLE - 1 (Solution)

Easy

5	4	2	6	7	1	8	3	9
3	7	1	5	8	9	6	2	4
6	9	8	4	3	2	7	5	1
7	8	3	9	1	5	4	6	2
1	2	6	7	4	3	9	8	5
9	5	4	8	2	6	3	1	7
8	6	7	2	5	4	1	9	3
2	1	9	3	6	7	5	4	8
4	3	5	1	9	8	2	7	6

PUZZLE - 2 (Solution)

Easy

7	1	5	4	2	3	6	8	9
3	4	8	9	7	6	1	2	5
9	2	6	8	1	5	7	4	3
5	8	1	3	4	9	2	7	6
4	3	7	2	6	1	5	9	8
6	9	2	5	8	7	3	1	4
8	7	3	1	5	4	9	6	2
2	6	9	7	3	8	4	5	1
1	5	4	6	9	2	8	3	7

PUZZLE - 3 (Solution)

Easy

7	9	1	2	5	8	3	6	4
4	2	8	7	6	3	5	1	9
5	3	6	4	9	1	8	7	2
1	6	3	9	4	7	2	8	5
2	4	9	5	8	6	1	3	7
8	5	7	3	1	2	9	4	6
3	1	4	6	2	5	7	9	8
6	7	5	8	3	9	4	2	1
9	8	2	1	7	4	6	5	3

PUZZLE - 4 (Solution)

Easy

7	8	9	5	1	2	6	3	4
4	3	2	7	6	8	9	1	5
1	5	6	4	9	3	8	2	7
6	9	8	1	7	4	2	5	3
5	7	1	3	2	6	4	9	8
2	4	3	8	5	9	7	6	1
3	2	4	6	8	1	5	7	9
9	1	5	2	4	7	3	8	6
8	6	7	9	3	5	1	4	2

PUZZLE - 5 (Solution)

Easy

9	1	4	5	2	3	8	6	7
5	6	8	4	9	7	1	3	2
2	7	3	8	1	6	4	5	9
8	4	6	9	5	2	3	7	1
1	3	5	7	8	4	9	2	6
7	2	9	3	6	1	5	8	4
4	5	2	1	7	8	6	9	3
6	9	1	2	3	5	7	4	8
3	8	7	6	4	9	2	1	5

PUZZLE - 6 (Solution)

Easy

5	1	3	2	8	6	9	7	4
6	2	9	5	7	4	1	8	3
8	7	4	1	9	3	6	5	2
9	8	5	7	2	1	4	3	6
3	4	2	6	5	8	7	9	1
1	6	7	4	3	9	5	2	8
2	5	6	8	1	7	3	4	9
4	9	8	3	6	5	2	1	7
7	3	1	9	4	2	8	6	5

PUZZLE - 7 (Solution)

Easy

5	6	8	2	9	4	7	1	3
3	1	9	7	8	5	2	6	4
7	2	4	6	3	1	5	9	8
8	5	6	3	2	7	9	4	1
2	7	1	9	4	8	6	3	5
9	4	3	5	1	6	8	7	2
1	3	7	8	6	2	4	5	9
4	8	5	1	7	9	3	2	6
6	9	2	4	5	3	1	8	7

PUZZLE - 8 (Solution)

Easy

4	9	1	3	8	6	5	7	2
3	2	7	5	4	9	1	6	8
8	5	6	7	1	2	4	9	3
9	6	2	8	5	7	3	4	1
5	7	3	1	6	4	2	8	9
1	4	8	2	9	3	6	5	7
6	3	5	9	2	8	7	1	4
7	8	4	6	3	1	9	2	5
2	1	9	4	7	5	8	3	6

PUZZLE - 9 (Solution)

Easy

2	1	7	4	5	8	9	6	3
6	3	4	9	7	2	1	8	5
9	8	5	6	3	1	4	7	2
7	2	9	5	1	4	8	3	6
8	4	1	3	2	6	5	9	7
3	5	6	7	8	9	2	4	1
4	6	3	2	9	5	7	1	8
5	9	8	1	6	7	3	2	4
1	7	2	8	4	3	6	5	9

PUZZLE - 10 (Solution)

Easy

8	9	3	7	1	6	4	2	5
2	4	6	9	8	5	7	3	1
5	7	1	3	2	4	6	8	9
1	3	4	8	5	7	9	6	2
9	5	2	4	6	1	8	7	3
6	8	7	2	3	9	1	5	4
3	6	9	1	7	2	5	4	8
7	1	8	5	4	3	2	9	6
4	2	5	6	9	8	3	1	7

PUZZLE - 11 (Solution)

Easy

7	6	3	5	9	1	8	4	2
8	9	2	4	7	6	5	1	3
1	5	4	3	8	2	6	9	7
5	2	6	8	1	9	3	7	4
3	7	1	6	2	4	9	5	8
4	8	9	7	3	5	2	6	1
2	1	7	9	6	8	4	3	5
6	3	5	2	4	7	1	8	9
9	4	8	1	5	3	7	2	6

PUZZLE - 12 (Solution)

Easy

7	1	2	3	4	8	9	5	6
4	9	8	1	5	6	2	3	7
5	6	3	9	2	7	8	1	4
1	4	6	5	3	9	7	8	2
3	2	9	8	7	1	4	6	5
8	5	7	4	6	2	1	9	3
6	8	4	2	9	5	3	7	1
9	3	5	7	1	4	6	2	8
2	7	1	6	8	3	5	4	9

PUZZLE - 13 (Solution)

3	9	1	4	6	8	7	2	5
8	4	2	9	7	5	3	6	1
7	5	6	1	2	3	9	4	8
5	8	7	2	9	1	6	3	4
6	3	4	5	8	7	1	9	2
1	2	9	3	4	6	5	8	7
4	6	3	7	5	2	8	1	9
9	7	8	6	1	4	2	5	3
2	1	5	8	3	9	4	7	6

PUZZLE - 14 (Solution)

9	5	8	3	1	2	7	6	4
2	1	3	6	4	7	8	5	9
7	4	6	9	5	8	2	3	1
8	3	9	1	6	4	5	7	2
4	7	2	8	3	5	9	1	6
1	6	5	7	2	9	3	4	8
3	9	4	5	8	1	6	2	7
5	8	1	2	7	6	4	9	3
6	2	7	4	9	3	1	8	5

PUZZLE - 15 (Solution)

4	8	1	7	6	3	9	5	2
3	5	2	4	8	9	6	7	1
9	6	7	2	1	5	3	8	4
5	3	6	9	4	2	7	1	8
2	1	4	6	7	8	5	3	9
8	7	9	3	5	1	2	4	6
7	2	5	1	9	4	8	6	3
1	9	8	5	3	6	4	2	7
6	4	3	8	2	7	1	9	5

PUZZLE - 16 (Solution)

7	3	5	8	9	4	1	2	6
9	4	8	6	2	1	3	7	5
2	6	1	7	5	3	4	8	9
3	1	6	9	4	8	7	5	2
5	9	2	3	6	7	8	1	4
8	7	4	2	1	5	9	6	3
6	8	7	4	3	2	5	9	1
4	5	9	1	8	6	2	3	7
1	2	3	5	7	9	6	4	8

PUZZLE - 17 (Solution)

7	3	6	4	5	9	8	2	1
9	2	5	8	3	1	4	6	7
4	1	8	6	7	2	3	5	9
2	7	3	9	4	6	5	1	8
5	9	4	1	8	7	6	3	2
6	8	1	3	2	5	7	9	4
1	5	2	7	6	4	9	8	3
3	4	9	5	1	8	2	7	6
8	6	7	2	9	3	1	4	5

PUZZLE - 18 (Solution)

7	4	9	5	6	2	8	1	3
5	8	1	4	7	3	6	9	2
2	6	3	1	8	9	4	7	5
1	3	2	8	5	7	9	6	4
4	9	6	3	2	1	7	5	8
8	7	5	9	4	6	3	2	1
9	1	8	6	3	5	2	4	7
6	2	4	7	1	8	5	3	9
3	5	7	2	9	4	1	8	6

PUZZLE - 19 (Solution)

9	4	5	6	7	2	1	3	8
1	2	8	3	4	9	5	6	7
7	6	3	1	8	5	4	9	2
5	1	6	2	9	3	8	7	4
3	8	9	7	5	4	6	2	1
2	7	4	8	6	1	9	5	3
4	5	2	9	3	8	7	1	6
6	9	1	4	2	7	3	8	5
8	3	7	5	1	6	2	4	9

PUZZLE - 20 (Solution)

7	3	1	9	2	5	8	4	6
5	8	2	3	4	6	9	1	7
9	4	6	1	8	7	3	2	5
3	7	4	6	1	8	5	9	2
1	2	9	4	5	3	6	7	8
6	5	8	2	7	9	4	3	1
8	1	5	7	3	4	2	6	9
2	6	3	8	9	1	7	5	4
4	9	7	5	6	2	1	8	3

PUZZLE - 21 (Solution)

2	4	3	9	7	5	6	1	8
5	6	7	1	4	8	3	2	9
8	9	1	3	6	2	5	7	4
4	2	5	6	9	1	7	8	3
6	7	8	2	3	4	1	9	5
3	1	9	5	8	7	2	4	6
7	3	4	8	2	6	9	5	1
1	8	6	7	5	9	4	3	2
9	5	2	4	1	3	8	6	7

PUZZLE - 22 (Solution)

1	8	7	9	2	4	6	3	5
6	9	4	1	3	5	2	7	8
2	5	3	8	7	6	1	9	4
9	7	8	4	6	2	5	1	3
3	6	5	7	9	1	4	8	2
4	1	2	3	5	8	7	6	9
8	4	9	5	1	7	3	2	6
7	3	6	2	4	9	8	5	1
5	2	1	6	8	3	9	4	7

PUZZLE - 23 (Solution)

7	8	6	1	3	9	5	2	4
3	2	5	7	4	8	6	1	9
4	9	1	5	2	6	3	8	7
8	4	7	6	9	1	2	5	3
9	1	3	4	5	2	7	6	8
5	6	2	8	7	3	9	4	1
2	7	8	3	6	4	1	9	5
6	3	4	9	1	5	8	7	2
1	5	9	2	8	7	4	3	6

PUZZLE - 24 (Solution)

4	6	9	1	8	7	5	2	3
8	2	1	5	6	3	4	9	7
7	3	5	4	2	9	6	8	1
6	4	8	9	3	5	1	7	2
2	5	3	7	1	8	9	4	6
1	9	7	2	4	6	8	3	5
5	8	6	3	7	4	2	1	9
9	7	2	8	5	1	3	6	4
3	1	4	6	9	2	7	5	8

PUZZLE - 25 (Solution)

4	9	3	6	1	8	7	2	5
5	8	6	3	7	2	4	1	9
7	2	1	5	4	9	6	3	8
2	4	9	7	6	5	1	8	3
1	3	5	8	9	4	2	7	6
8	6	7	2	3	1	5	9	4
6	1	4	9	2	3	8	5	7
3	7	8	1	5	6	9	4	2
9	5	2	4	8	7	3	6	1

PUZZLE - 26 (Solution)

1	3	6	7	5	2	4	8	9
7	9	2	4	3	8	5	6	1
8	5	4	6	1	9	2	7	3
5	2	1	8	9	3	6	4	7
3	6	8	2	4	7	1	9	5
9	4	7	1	6	5	3	2	8
6	8	5	9	2	1	7	3	4
4	7	3	5	8	6	9	1	2
2	1	9	3	7	4	8	5	6

PUZZLE - 27 (Solution)

6	7	4	3	9	5	2	1	8
5	9	8	6	1	2	3	4	7
3	2	1	7	4	8	5	6	9
9	3	2	4	7	1	8	5	6
4	1	6	5	8	9	7	2	3
8	5	7	2	3	6	4	9	1
2	6	3	9	5	7	1	8	4
7	8	9	1	2	4	6	3	5
1	4	5	8	6	3	9	7	2

PUZZLE - 28 (Solution)

9	1	3	2	7	5	8	6	4
6	7	5	1	8	4	3	9	2
8	2	4	3	6	9	5	1	7
1	5	9	4	2	7	6	3	8
2	4	6	8	9	3	1	7	5
7	3	8	6	5	1	4	2	9
4	9	1	5	3	2	7	8	6
3	6	2	7	4	8	9	5	1
5	8	7	9	1	6	2	4	3

PUZZLE - 29 (Solution)

8	5	9	6	1	4	7	3	2
7	6	3	5	9	2	1	4	8
4	1	2	8	7	3	5	6	9
6	9	8	3	2	7	4	1	5
2	7	1	4	6	5	8	9	3
5	3	4	1	8	9	2	7	6
9	2	5	7	3	1	6	8	4
1	4	6	9	5	8	3	2	7
3	8	7	2	4	6	9	5	1

PUZZLE - 30 (Solution)

2	4	9	3	5	6	1	7	8
5	7	3	1	8	9	6	4	2
8	1	6	7	2	4	9	5	3
9	5	2	6	1	7	3	8	4
3	8	7	4	9	2	5	1	6
4	6	1	5	3	8	2	9	7
7	2	5	9	4	3	8	6	1
6	9	8	2	7	1	4	3	5
1	3	4	8	6	5	7	2	9

PUZZLE - 31 (Solution)

9	6	5	4	8	7	2	1	3
7	1	4	6	3	2	8	9	5
3	8	2	9	1	5	6	4	7
6	5	3	7	9	4	1	8	2
8	4	7	3	2	1	5	6	9
2	9	1	5	6	8	7	3	4
4	7	8	1	5	3	9	2	6
5	2	6	8	4	9	3	7	1
1	3	9	2	7	6	4	5	8

PUZZLE - 32 (Solution)

9	8	6	5	7	3	4	1	2
1	3	7	4	6	2	5	9	8
4	5	2	8	1	9	3	7	6
8	9	1	7	4	5	2	6	3
5	6	4	3	2	1	7	8	9
7	2	3	6	9	8	1	5	4
3	4	8	9	5	7	6	2	1
6	1	5	2	8	4	9	3	7
2	7	9	1	3	6	8	4	5

PUZZLE - 33 (Solution)

3	2	5	4	8	9	1	7	6
7	4	6	5	3	1	8	9	2
9	8	1	6	2	7	3	5	4
1	6	2	3	9	5	4	8	7
5	3	7	1	4	8	2	6	9
8	9	4	7	6	2	5	1	3
2	1	3	8	7	6	9	4	5
4	7	8	9	5	3	6	2	1
6	5	9	2	1	4	7	3	8

PUZZLE - 34 (Solution)

2	6	8	1	9	4	3	5	7
9	3	7	8	6	5	4	2	1
5	1	4	7	3	2	8	6	9
7	4	1	2	5	3	9	8	6
3	9	6	4	7	8	5	1	2
8	2	5	9	1	6	7	3	4
6	5	2	3	4	7	1	9	8
4	8	9	5	2	1	6	7	3
1	7	3	6	8	9	2	4	5

PUZZLE - 35 (Solution)

3	9	2	7	4	6	8	1	5
7	1	5	2	8	9	3	4	6
4	6	8	3	5	1	7	9	2
5	3	1	6	7	2	9	8	4
9	7	4	8	3	5	6	2	1
2	8	6	1	9	4	5	7	3
6	4	7	9	2	3	1	5	8
1	2	9	5	6	8	4	3	7
8	5	3	4	1	7	2	6	9

PUZZLE - 36 (Solution)

4	9	1	3	8	6	5	7	2
3	2	7	5	4	9	1	6	8
8	5	6	7	1	2	3	9	4
9	4	8	6	7	1	2	3	5
1	3	5	9	2	8	7	4	6
7	6	2	4	3	5	8	1	9
2	7	4	8	9	3	6	5	1
6	1	3	2	5	4	9	8	7
5	8	9	1	6	7	4	2	3

PUZZLE - 37 (Solution)

Easy

6	3	4	7	5	8	2	9	1
5	2	8	3	9	1	7	6	4
9	1	7	2	4	6	5	8	3
1	7	9	8	6	3	4	2	5
3	4	5	9	7	2	6	1	8
8	6	2	5	1	4	3	7	9
4	9	6	1	2	5	8	3	7
7	5	3	6	8	9	1	4	2
2	8	1	4	3	7	9	5	6

PUZZLE - 38 (Solution)

Easy

8	5	3	7	4	2	9	1	6
1	7	9	3	5	6	2	8	4
4	6	2	1	8	9	3	7	5
2	4	7	8	6	5	1	9	3
3	8	5	2	9	1	4	6	7
9	1	6	4	7	3	5	2	8
6	2	8	5	1	4	7	3	9
7	3	4	9	2	8	6	5	1
5	9	1	6	3	7	8	4	2

PUZZLE - 39 (Solution)

Easy

4	7	8	1	5	9	2	3	6
6	3	5	4	8	2	7	1	9
2	9	1	7	3	6	4	5	8
1	5	9	3	6	7	8	4	2
3	6	4	5	2	8	1	9	7
8	2	7	9	1	4	3	6	5
9	8	2	6	4	1	5	7	3
7	4	3	8	9	5	6	2	1
5	1	6	2	7	3	9	8	4

PUZZLE - 40 (Solution)

Easy

6	2	1	4	8	7	9	3	5
8	3	9	6	2	5	1	4	7
7	4	5	9	3	1	2	6	8
9	7	3	5	4	8	6	2	1
1	8	2	7	6	3	4	5	9
5	6	4	1	9	2	8	7	3
3	5	8	2	1	6	7	9	4
2	9	7	8	5	4	3	1	6
4	1	6	3	7	9	5	8	2

PUZZLE - 41 (Solution)

Easy

4	6	9	3	5	1	2	7	8
3	2	1	6	8	7	5	4	9
8	7	5	2	9	4	1	3	6
7	3	8	5	6	2	4	9	1
2	9	6	1	4	3	8	5	7
5	1	4	9	7	8	3	6	2
9	5	2	8	3	6	7	1	4
1	4	3	7	2	9	6	8	5
6	8	7	4	1	5	9	2	3

PUZZLE - 42 (Solution)

Easy

3	1	6	9	5	2	4	8	7
2	9	8	1	4	7	6	5	3
4	7	5	6	8	3	1	2	9
1	4	9	8	6	5	7	3	2
7	5	2	4	3	9	8	6	1
8	6	3	7	2	1	9	4	5
9	2	4	5	7	6	3	1	8
6	3	7	2	1	8	5	9	4
5	8	1	3	9	4	2	7	6

PUZZLE - 43 (Solution)

3	7	9	2	8	4	1	5	6
1	4	8	9	5	6	2	3	7
5	2	6	1	7	3	9	4	8
4	8	5	7	9	1	3	6	2
7	6	1	5	3	2	4	8	9
9	3	2	4	6	8	7	1	5
2	5	4	6	1	9	8	7	3
6	1	3	8	2	7	5	9	4
8	9	7	3	4	5	6	2	1

PUZZLE - 44 (Solution)

7	5	4	6	2	8	1	3	9
2	8	9	3	5	1	6	4	7
1	6	3	4	7	9	8	5	2
3	4	1	7	8	5	2	9	6
9	2	6	1	3	4	7	8	5
8	7	5	2	9	6	4	1	3
6	9	8	5	1	7	3	2	4
5	3	7	8	4	2	9	6	1
4	1	2	9	6	3	5	7	8

PUZZLE - 45 (Solution)

1	4	7	9	3	8	5	6	2
8	5	2	7	4	6	9	3	1
6	9	3	2	1	5	4	7	8
2	1	8	4	9	7	6	5	3
7	3	5	6	8	2	1	9	4
9	6	4	3	5	1	8	2	7
3	2	9	1	6	4	7	8	5
4	8	6	5	7	3	2	1	9
5	7	1	8	2	9	3	4	6

PUZZLE - 46 (Solution)

1	2	5	6	3	4	7	8	9
9	7	3	2	1	8	6	5	4
6	4	8	9	5	7	1	3	2
3	8	6	4	7	2	5	9	1
5	9	7	3	8	1	4	2	6
2	1	4	5	9	6	8	7	3
8	6	1	7	2	3	9	4	5
7	5	2	1	4	9	3	6	8
4	3	9	8	6	5	2	1	7

PUZZLE - 47 (Solution)

8	6	1	5	3	4	7	9	2
5	4	9	2	1	7	6	3	8
3	2	7	6	8	9	4	1	5
6	9	3	7	5	1	2	8	4
4	7	2	9	6	8	3	5	1
1	5	8	3	4	2	9	7	6
7	8	6	4	9	5	1	2	3
2	3	5	1	7	6	8	4	9
9	1	4	8	2	3	5	6	7

PUZZLE - 48 (Solution)

8	2	3	7	9	4	6	5	1
7	4	5	3	6	1	2	8	9
6	1	9	2	5	8	3	7	4
3	5	2	6	7	9	1	4	8
9	7	4	8	1	2	5	6	3
1	8	6	5	4	3	9	2	7
4	6	1	9	2	7	8	3	5
5	9	8	4	3	6	7	1	2
2	3	7	1	8	5	4	9	6

PUZZLE - 49 (Solution)

5	9	2	1	4	6	3	8	7
3	4	7	9	2	8	1	6	5
1	6	8	5	3	7	4	9	2
6	2	5	3	8	4	7	1	9
4	1	9	6	7	5	2	3	8
7	8	3	2	1	9	6	5	4
2	7	1	8	9	3	5	4	6
8	5	4	7	6	1	9	2	3
9	3	6	4	5	2	8	7	1

PUZZLE - 50 (Solution)

2	8	5	3	7	4	1	9	6
9	3	4	5	1	6	2	7	8
7	1	6	2	9	8	4	3	5
3	6	7	4	5	2	8	1	9
4	2	8	9	3	1	5	6	7
5	9	1	8	6	7	3	4	2
8	4	3	7	2	9	6	5	1
6	5	9	1	8	3	7	2	4
1	7	2	6	4	5	9	8	3

PUZZLE - 51 (Solution)

7	1	8	6	3	2	5	9	4
6	4	2	7	5	9	8	1	3
9	5	3	8	4	1	7	6	2
5	6	9	3	7	8	2	4	1
1	3	7	4	2	5	6	8	9
8	2	4	9	1	6	3	5	7
4	8	1	2	6	3	9	7	5
2	9	5	1	8	7	4	3	6
3	7	6	5	9	4	1	2	8

PUZZLE - 52 (Solution)

4	9	5	2	6	1	8	7	3
2	7	1	4	3	8	6	9	5
8	6	3	9	5	7	4	1	2
3	2	8	1	7	4	9	5	6
7	1	4	6	9	5	2	3	8
6	5	9	3	8	2	1	4	7
1	4	6	7	2	3	5	8	9
5	3	2	8	4	9	7	6	1
9	8	7	5	1	6	3	2	4

PUZZLE - 53 (Solution)

9	7	2	1	5	6	4	8	3
6	3	4	7	8	2	9	1	5
1	5	8	9	3	4	2	7	6
2	1	6	3	9	7	5	4	8
5	9	7	4	1	8	3	6	2
4	8	3	2	6	5	1	9	7
8	6	9	5	2	1	7	3	4
7	2	1	6	4	3	8	5	9
3	4	5	8	7	9	6	2	1

PUZZLE - 54 (Solution)

3	1	9	2	4	8	5	6	7
7	6	8	3	1	5	2	4	9
2	4	5	9	6	7	3	8	1
8	5	6	7	2	3	1	9	4
9	7	1	5	8	4	6	2	3
4	3	2	1	9	6	7	5	8
6	9	7	4	5	1	8	3	2
5	2	3	8	7	9	4	1	6
1	8	4	6	3	2	9	7	5

PUZZLE - 55 (Solution)

7	1	6	2	5	4	3	8	9
9	2	5	8	6	3	1	7	4
8	3	4	1	7	9	5	6	2
2	5	7	4	1	8	9	3	6
6	8	3	5	9	7	4	2	1
4	9	1	6	3	2	7	5	8
5	6	8	3	4	1	2	9	7
1	7	2	9	8	5	6	4	3
3	4	9	7	2	6	8	1	5

PUZZLE - 56 (Solution)

6	4	3	9	5	2	7	1	8
7	5	8	4	6	1	2	3	9
9	2	1	3	8	7	5	4	6
8	9	7	5	3	6	4	2	1
3	6	5	2	1	4	8	9	7
2	1	4	7	9	8	3	6	5
1	3	6	8	4	5	9	7	2
4	8	2	6	7	9	1	5	3
5	7	9	1	2	3	6	8	4

PUZZLE - 57 (Solution)

2	8	9	1	7	6	3	5	4
3	4	1	8	5	2	6	9	7
7	6	5	9	4	3	8	1	2
4	2	7	3	6	5	9	8	1
6	5	8	4	1	9	2	7	3
9	1	3	2	8	7	5	4	6
8	3	4	6	9	1	7	2	5
1	7	6	5	2	8	4	3	9
5	9	2	7	3	4	1	6	8

PUZZLE - 58 (Solution)

6	5	7	2	3	4	9	8	1
8	9	3	7	1	6	2	4	5
4	2	1	8	9	5	7	6	3
1	6	2	5	7	8	4	3	9
3	4	9	6	2	1	8	5	7
5	7	8	3	4	9	6	1	2
2	1	5	4	6	7	3	9	8
9	3	4	1	8	2	5	7	6
7	8	6	9	5	3	1	2	4

PUZZLE - 59 (Solution)

6	1	7	9	8	5	3	2	4
2	8	3	1	6	4	7	9	5
9	4	5	2	7	3	6	1	8
8	6	2	3	5	1	9	4	7
3	5	4	6	9	7	2	8	1
1	7	9	8	4	2	5	3	6
4	9	8	7	2	6	1	5	3
5	3	6	4	1	9	8	7	2
7	2	1	5	3	8	4	6	9

PUZZLE - 60 (Solution)

5	9	4	7	3	6	8	2	1
2	3	7	9	1	8	5	4	6
8	6	1	4	2	5	9	3	7
9	8	2	3	4	1	7	6	5
1	4	6	5	9	7	2	8	3
7	5	3	8	6	2	1	9	4
6	2	8	1	5	3	4	7	9
3	1	9	2	7	4	6	5	8
4	7	5	6	8	9	3	1	2

PUZZLE - 61 (Solution)

Easy

7	2	8	1	9	6	4	3	5
1	9	3	2	4	5	7	8	6
5	6	4	7	3	8	1	2	9
3	5	6	4	1	7	8	9	2
9	1	2	5	8	3	6	4	7
8	4	7	6	2	9	3	5	1
4	7	9	3	5	1	2	6	8
6	3	5	8	7	2	9	1	4
2	8	1	9	6	4	5	7	3

PUZZLE - 62 (Solution)

Easy

4	2	9	5	6	8	7	3	1
7	6	1	9	2	3	8	5	4
8	5	3	1	7	4	9	6	2
2	7	6	8	5	1	3	4	9
9	8	5	4	3	7	1	2	6
1	3	4	2	9	6	5	7	8
5	4	7	6	1	9	2	8	3
6	1	2	3	8	5	4	9	7
3	9	8	7	4	2	6	1	5

PUZZLE - 63 (Solution)

Easy

8	6	2	4	3	9	7	1	5
3	4	7	5	6	1	8	9	2
9	1	5	2	7	8	4	6	3
7	3	8	6	2	5	1	4	9
2	5	6	1	9	4	3	8	7
4	9	1	3	8	7	2	5	6
6	7	9	8	4	3	5	2	1
5	2	4	7	1	6	9	3	8
1	8	3	9	5	2	6	7	4

PUZZLE - 64 (Solution)

Easy

9	1	5	6	7	3	8	4	2
8	2	6	1	5	4	9	7	3
4	7	3	8	2	9	5	6	1
7	4	8	2	3	5	1	9	6
6	3	1	7	9	8	4	2	5
2	5	9	4	1	6	7	3	8
3	8	4	9	6	1	2	5	7
1	6	7	5	4	2	3	8	9
5	9	2	3	8	7	6	1	4

PUZZLE - 65 (Solution)

Intermediate

1	9	7	2	3	8	4	6	5
8	6	2	9	5	4	1	3	7
4	3	5	7	6	1	9	8	2
5	2	1	8	9	3	6	7	4
9	4	8	5	7	6	3	2	1
6	7	3	4	1	2	8	5	9
3	1	4	6	2	5	7	9	8
2	8	9	3	4	7	5	1	6
7	5	6	1	8	9	2	4	3

PUZZLE - 66 (Solution)

Intermediate

7	9	1	2	4	6	3	5	8
2	8	4	1	5	3	9	6	7
6	3	5	9	7	8	4	2	1
5	2	3	6	1	9	8	7	4
8	4	6	5	3	7	1	9	2
1	7	9	4	8	2	6	3	5
4	6	8	7	9	5	2	1	3
3	5	2	8	6	1	7	4	9
9	1	7	3	2	4	5	8	6

PUZZLE - 67 (Solution)

7	2	8	1	9	4	5	3	6
9	3	4	7	6	5	1	8	2
6	1	5	8	3	2	4	7	9
3	6	9	2	1	8	7	4	5
8	7	2	5	4	9	3	6	1
4	5	1	6	7	3	9	2	8
2	9	3	4	5	6	8	1	7
5	8	7	3	2	1	6	9	4
1	4	6	9	8	7	2	5	3

PUZZLE - 68 (Solution)

7	5	4	6	8	2	3	9	1
2	3	6	9	1	4	5	8	7
1	9	8	7	5	3	2	4	6
6	7	1	5	3	9	8	2	4
5	8	2	4	7	1	9	6	3
9	4	3	2	6	8	1	7	5
3	6	9	1	2	7	4	5	8
8	2	5	3	4	6	7	1	9
4	1	7	8	9	5	6	3	2

PUZZLE - 69 (Solution)

7	5	9	8	1	6	4	3	2
8	2	3	5	7	4	1	9	6
1	6	4	2	9	3	7	5	8
4	7	5	3	6	1	8	2	9
6	9	1	7	8	2	5	4	3
3	8	2	9	4	5	6	1	7
9	1	6	4	3	8	2	7	5
5	4	7	6	2	9	3	8	1
2	3	8	1	5	7	9	6	4

PUZZLE - 70 (Solution)

1	6	9	7	3	5	4	2	8
7	5	8	6	4	2	3	1	9
4	2	3	1	9	8	7	5	6
3	1	6	5	8	4	2	9	7
5	7	4	9	2	1	8	6	3
8	9	2	3	6	7	5	4	1
9	4	7	2	1	3	6	8	5
6	8	5	4	7	9	1	3	2
2	3	1	8	5	6	9	7	4

PUZZLE - 71 (Solution)

4	9	6	2	7	1	5	8	3
5	8	2	3	4	9	7	1	6
1	3	7	8	5	6	4	2	9
9	5	3	1	6	7	8	4	2
7	1	8	9	2	4	6	3	5
6	2	4	5	8	3	1	9	7
3	4	1	6	9	5	2	7	8
8	7	5	4	3	2	9	6	1
2	6	9	7	1	8	3	5	4

PUZZLE - 72 (Solution)

4	1	3	6	8	9	2	5	7
5	2	9	1	4	7	8	3	6
6	7	8	5	3	2	4	9	1
8	5	2	7	9	6	1	4	3
9	4	6	8	1	3	7	2	5
7	3	1	2	5	4	9	6	8
2	9	5	3	7	1	6	8	4
1	8	4	9	6	5	3	7	2
3	6	7	4	2	8	5	1	9

PUZZLE - 73 (Solution)

1	3	5	9	8	7	6	4	2
9	6	2	5	1	4	8	3	7
8	7	4	2	3	6	5	9	1
5	4	7	1	6	3	9	2	8
6	9	1	8	7	2	4	5	3
2	8	3	4	9	5	1	7	6
3	2	9	6	5	1	7	8	4
4	1	8	7	2	9	3	6	5
7	5	6	3	4	8	2	1	9

PUZZLE - 74 (Solution)

7	9	1	2	4	5	3	8	6
8	2	5	6	1	3	4	9	7
4	3	6	7	8	9	2	1	5
5	7	8	9	2	6	1	4	3
2	6	4	1	3	7	8	5	9
3	1	9	4	5	8	6	7	2
9	4	7	3	6	1	5	2	8
1	8	3	5	9	2	7	6	4
6	5	2	8	7	4	9	3	1

PUZZLE - 75 (Solution)

2	8	1	9	6	3	5	7	4
6	5	9	8	7	4	1	3	2
3	7	4	5	2	1	9	6	8
1	4	7	3	9	6	2	8	5
8	3	5	1	4	2	7	9	6
9	2	6	7	5	8	4	1	3
4	9	8	2	3	7	6	5	1
7	1	2	6	8	5	3	4	9
5	6	3	4	1	9	8	2	7

PUZZLE - 76 (Solution)

6	8	3	2	7	9	1	4	5
7	2	5	3	4	1	8	6	9
1	9	4	6	8	5	2	7	3
2	6	8	4	9	7	5	3	1
9	3	1	8	5	6	4	2	7
4	5	7	1	3	2	9	8	6
5	4	9	7	2	3	6	1	8
3	1	2	9	6	8	7	5	4
8	7	6	5	1	4	3	9	2

PUZZLE - 77 (Solution)

4	1	3	7	9	2	6	5	8
6	2	5	8	1	3	9	7	4
9	8	7	5	6	4	2	3	1
1	9	4	6	2	5	7	8	3
5	7	8	1	3	9	4	2	6
3	6	2	4	8	7	1	9	5
2	4	6	3	7	8	5	1	9
7	3	1	9	5	6	8	4	2
8	5	9	2	4	1	3	6	7

PUZZLE - 78 (Solution)

4	6	2	5	9	1	3	8	7
3	7	9	2	4	8	1	6	5
1	5	8	6	7	3	9	2	4
8	4	6	1	2	5	7	9	3
9	3	1	8	6	7	5	4	2
7	2	5	9	3	4	8	1	6
5	1	4	7	8	2	6	3	9
2	9	7	3	1	6	4	5	8
6	8	3	4	5	9	2	7	1

PUZZLE - 79 (Solution)

6	2	4	8	5	3	1	9	7
7	9	1	4	2	6	5	8	3
8	3	5	9	7	1	6	2	4
3	4	8	1	9	2	7	5	6
2	5	7	6	4	8	9	3	1
1	6	9	5	3	7	8	4	2
9	7	2	3	6	5	4	1	8
5	1	6	2	8	4	3	7	9
4	8	3	7	1	9	2	6	5

PUZZLE - 80 (Solution)

2	1	5	8	6	4	9	7	3
6	8	9	2	3	7	5	4	1
7	4	3	9	5	1	6	2	8
8	6	2	7	1	9	3	5	4
9	3	4	5	8	2	7	1	6
1	5	7	6	4	3	8	9	2
4	7	1	3	9	8	2	6	5
3	2	6	4	7	5	1	8	9
5	9	8	1	2	6	4	3	7

PUZZLE - 81 (Solution)

3	6	8	2	1	9	4	7	5
2	1	4	3	7	5	8	6	9
7	5	9	8	4	6	2	3	1
5	3	2	4	6	1	7	9	8
9	4	1	5	8	7	6	2	3
8	7	6	9	2	3	1	5	4
1	8	3	6	9	2	5	4	7
4	2	5	7	3	8	9	1	6
6	9	7	1	5	4	3	8	2

PUZZLE - 82 (Solution)

7	4	2	8	3	5	9	6	1
3	5	8	6	1	9	7	4	2
9	6	1	2	4	7	8	3	5
1	9	5	4	8	6	3	2	7
8	2	3	5	7	1	4	9	6
4	7	6	9	2	3	5	1	8
5	8	9	3	6	2	1	7	4
2	1	4	7	9	8	6	5	3
6	3	7	1	5	4	2	8	9

PUZZLE - 83 (Solution)

4	9	5	7	3	6	8	2	1
7	2	3	4	1	8	6	5	9
8	1	6	5	2	9	3	7	4
6	8	4	2	9	3	7	1	5
2	3	9	1	5	7	4	6	8
5	7	1	6	8	4	2	9	3
9	6	7	3	4	1	5	8	2
1	4	2	8	7	5	9	3	6
3	5	8	9	6	2	1	4	7

PUZZLE - 84 (Solution)

1	4	5	3	8	9	6	7	2
2	9	8	4	7	6	1	5	3
3	7	6	2	5	1	9	8	4
6	1	7	5	4	2	3	9	8
9	2	3	7	6	8	4	1	5
5	8	4	9	1	3	7	2	6
4	6	2	1	9	5	8	3	7
8	3	1	6	2	7	5	4	9
7	5	9	8	3	4	2	6	1

PUZZLE - 85 (Solution)

2	7	9	8	6	4	3	1	5
4	5	1	9	7	3	2	6	8
3	8	6	2	1	5	9	4	7
1	4	5	3	8	9	6	7	2
7	6	8	1	4	2	5	3	9
9	2	3	7	5	6	1	8	4
8	9	2	6	3	7	4	5	1
5	3	7	4	9	1	8	2	6
6	1	4	5	2	8	7	9	3

PUZZLE - 86 (Solution)

2	7	4	5	1	6	9	3	8
8	3	1	2	4	9	6	7	5
9	5	6	3	8	7	1	2	4
1	4	5	8	2	3	7	6	9
3	2	9	7	6	5	8	4	1
7	6	8	1	9	4	3	5	2
5	1	7	9	3	2	4	8	6
4	9	3	6	5	8	2	1	7
6	8	2	4	7	1	5	9	3

PUZZLE - 87 (Solution)

6	7	1	5	9	8	3	2	4
5	3	4	7	1	2	8	6	9
8	2	9	3	6	4	7	5	1
9	5	2	4	3	1	6	8	7
4	1	7	8	5	6	9	3	2
3	6	8	2	7	9	4	1	5
2	8	6	9	4	5	1	7	3
7	9	5	1	8	3	2	4	6
1	4	3	6	2	7	5	9	8

PUZZLE - 88 (Solution)

2	6	5	3	8	4	1	9	7
8	4	9	1	6	7	2	3	5
1	3	7	9	5	2	6	4	8
5	1	4	7	3	6	9	8	2
9	2	6	8	4	5	7	1	3
7	8	3	2	1	9	4	5	6
3	9	2	4	7	8	5	6	1
6	7	1	5	9	3	8	2	4
4	5	8	6	2	1	3	7	9

PUZZLE - 89 (Solution)

6	9	1	8	4	2	7	3	5
5	3	4	9	7	1	2	6	8
2	8	7	5	3	6	1	9	4
9	5	2	3	1	8	4	7	6
3	7	6	2	5	4	8	1	9
4	1	8	7	6	9	3	5	2
8	2	5	1	9	7	6	4	3
7	4	9	6	8	3	5	2	1
1	6	3	4	2	5	9	8	7

PUZZLE - 90 (Solution)

6	4	3	9	2	5	1	8	7
7	2	1	6	3	8	9	4	5
9	5	8	4	7	1	3	2	6
1	3	4	8	9	7	6	5	2
5	6	7	1	4	2	8	9	3
2	8	9	5	6	3	4	7	1
3	9	5	7	8	6	2	1	4
4	7	2	3	1	9	5	6	8
8	1	6	2	5	4	7	3	9

PUZZLE - 91 (Solution)

5	6	3	7	8	9	2	1	4
7	4	9	6	2	1	5	8	3
8	2	1	3	4	5	9	6	7
3	9	7	2	6	4	8	5	1
4	1	2	9	5	8	3	7	6
6	8	5	1	3	7	4	2	9
2	5	6	4	7	3	1	9	8
1	7	4	8	9	2	6	3	5
9	3	8	5	1	6	7	4	2

PUZZLE - 92 (Solution)

1	7	2	8	3	6	9	4	5
8	6	9	7	5	4	3	2	1
4	3	5	1	2	9	6	7	8
6	5	7	9	1	3	2	8	4
2	1	8	4	6	5	7	9	3
3	9	4	2	7	8	1	5	6
5	4	3	6	9	2	8	1	7
9	8	1	3	4	7	5	6	2
7	2	6	5	8	1	4	3	9

PUZZLE - 93 (Solution)

9	3	4	6	1	2	7	8	5
7	1	2	8	3	5	4	9	6
6	5	8	4	9	7	2	1	3
5	2	6	7	4	8	1	3	9
4	9	3	5	6	1	8	2	7
1	8	7	3	2	9	5	6	4
2	4	9	1	5	3	6	7	8
3	7	5	2	8	6	9	4	1
8	6	1	9	7	4	3	5	2

PUZZLE - 94 (Solution)

4	7	8	1	6	5	2	3	9
3	2	5	7	9	8	6	4	1
1	6	9	4	3	2	8	7	5
7	5	6	9	4	1	3	8	2
9	4	3	8	2	6	1	5	7
2	8	1	5	7	3	9	6	4
5	9	2	6	8	4	7	1	3
8	3	4	2	1	7	5	9	6
6	1	7	3	5	9	4	2	8

PUZZLE - 95 (Solution)

9	5	4	6	3	1	8	7	2
7	6	8	5	9	2	1	3	4
1	2	3	7	8	4	5	6	9
6	3	9	1	7	8	4	2	5
4	7	2	3	5	9	6	8	1
8	1	5	2	4	6	7	9	3
3	9	7	4	6	5	2	1	8
5	8	1	9	2	7	3	4	6
2	4	6	8	1	3	9	5	7

PUZZLE - 96 (Solution)

6	7	9	2	5	8	3	4	1
8	5	4	6	3	1	2	7	9
1	2	3	7	4	9	5	6	8
3	6	2	5	8	4	1	9	7
5	9	8	1	6	7	4	3	2
4	1	7	9	2	3	6	8	5
7	4	6	8	1	5	9	2	3
9	3	5	4	7	2	8	1	6
2	8	1	3	9	6	7	5	4

PUZZLE - 97 (Solution)

3	4	7	5	6	8	2	1	9
9	5	2	3	7	1	8	6	4
8	1	6	4	2	9	7	3	5
4	2	3	7	5	6	1	9	8
1	7	5	8	9	4	3	2	6
6	8	9	1	3	2	4	5	7
5	9	1	2	8	7	6	4	3
2	3	8	6	4	5	9	7	1
7	6	4	9	1	3	5	8	2

PUZZLE - 98 (Solution)

4	3	8	9	1	5	7	6	2
5	1	7	6	4	2	9	8	3
9	2	6	7	8	3	5	4	1
8	7	9	5	2	6	1	3	4
1	5	4	3	9	8	6	2	7
2	6	3	4	7	1	8	9	5
6	8	1	2	5	4	3	7	9
3	9	2	1	6	7	4	5	8
7	4	5	8	3	9	2	1	6

PUZZLE - 99 (Solution)

5	1	7	6	9	3	8	2	4
2	8	4	5	1	7	3	6	9
9	3	6	2	8	4	1	5	7
8	5	1	3	6	9	7	4	2
4	9	2	7	5	8	6	1	3
7	6	3	4	2	1	5	9	8
1	2	8	9	7	5	4	3	6
3	7	9	1	4	6	2	8	5
6	4	5	8	3	2	9	7	1

PUZZLE - 100 (Solution)

4	3	7	1	8	6	2	5	9
9	6	8	4	5	2	7	1	3
5	2	1	9	7	3	4	8	6
2	4	9	5	1	7	3	6	8
1	7	6	2	3	8	5	9	4
3	8	5	6	9	4	1	7	2
6	9	4	7	2	5	8	3	1
7	1	3	8	4	9	6	2	5
8	5	2	3	6	1	9	4	7

PUZZLE - 101 (Solution)

6	3	4	8	5	7	1	2	9
7	1	8	9	3	2	4	5	6
5	9	2	6	1	4	8	3	7
8	7	1	5	2	3	9	6	4
2	4	9	7	8	6	5	1	3
3	6	5	1	4	9	7	8	2
4	5	6	2	7	1	3	9	8
9	8	7	3	6	5	2	4	1
1	2	3	4	9	8	6	7	5

PUZZLE - 102 (Solution)

8	5	9	6	3	7	2	1	4
6	4	7	9	2	1	3	5	8
1	3	2	5	8	4	7	9	6
4	8	3	2	5	9	1	6	7
2	6	1	4	7	8	5	3	9
7	9	5	3	1	6	4	8	2
5	2	4	8	6	3	9	7	1
3	1	6	7	9	2	8	4	5
9	7	8	1	4	5	6	2	3

PUZZLE - 103 (Solution)

2	4	8	7	3	9	5	6	1
3	9	5	8	1	6	2	7	4
7	6	1	2	4	5	3	8	9
6	2	7	1	8	4	9	3	5
5	8	9	6	2	3	4	1	7
1	3	4	9	5	7	6	2	8
4	7	6	3	9	8	1	5	2
9	1	3	5	7	2	8	4	6
8	5	2	4	6	1	7	9	3

PUZZLE - 104 (Solution)

7	2	4	3	6	1	5	9	8
9	3	5	8	4	7	2	6	1
8	6	1	2	5	9	3	7	4
1	4	3	5	8	6	9	2	7
2	8	9	1	7	3	4	5	6
5	7	6	9	2	4	1	8	3
4	5	2	6	3	8	7	1	9
6	1	7	4	9	5	8	3	2
3	9	8	7	1	2	6	4	5

PUZZLE - 105 (Solution)

7	8	2	3	6	5	4	1	9
6	1	5	9	7	4	8	2	3
4	3	9	2	8	1	5	6	7
8	2	4	7	9	6	1	3	5
5	6	3	4	1	2	7	9	8
1	9	7	8	5	3	2	4	6
9	5	6	1	2	7	3	8	4
3	7	1	6	4	8	9	5	2
2	4	8	5	3	9	6	7	1

PUZZLE - 106 (Solution)

7	5	3	8	9	2	1	6	4
8	4	1	3	6	5	9	7	2
2	9	6	4	1	7	8	3	5
6	3	5	9	7	8	2	4	1
1	7	8	2	4	6	3	5	9
9	2	4	5	3	1	7	8	6
4	1	2	7	5	3	6	9	8
3	8	9	6	2	4	5	1	7
5	6	7	1	8	9	4	2	3

PUZZLE - 107 (Solution)

4	8	6	7	2	1	9	3	5
9	5	1	4	8	3	7	2	6
7	2	3	9	5	6	1	8	4
2	4	7	5	6	9	3	1	8
3	1	5	2	7	8	6	4	9
6	9	8	3	1	4	5	7	2
5	7	4	1	9	2	8	6	3
1	6	2	8	3	5	4	9	7
8	3	9	6	4	7	2	5	1

PUZZLE - 108 (Solution)

7	6	1	9	4	8	3	2	5
2	5	8	6	3	1	9	7	4
9	3	4	5	2	7	8	1	6
5	4	6	2	1	3	7	8	9
1	2	9	8	7	5	4	6	3
8	7	3	4	6	9	1	5	2
6	1	2	3	8	4	5	9	7
3	8	5	7	9	2	6	4	1
4	9	7	1	5	6	2	3	8

PUZZLE - 109 (Solution)

Intermediate

7	3	9	5	1	2	8	6	4
1	5	8	6	4	9	2	3	7
2	4	6	7	8	3	5	9	1
8	6	2	9	5	4	7	1	3
9	7	4	8	3	1	6	5	2
3	1	5	2	7	6	4	8	9
4	9	7	1	6	8	3	2	5
5	8	1	3	2	7	9	4	6
6	2	3	4	9	5	1	7	8

PUZZLE - 110 (Solution)

Intermediate

1	6	5	2	9	4	3	8	7
4	8	2	1	3	7	6	9	5
9	3	7	5	8	6	2	4	1
3	4	9	7	5	2	1	6	8
2	5	8	9	6	1	4	7	3
6	7	1	3	4	8	9	5	2
7	2	4	8	1	9	5	3	6
8	9	3	6	2	5	7	1	4
5	1	6	4	7	3	8	2	9

PUZZLE - 111 (Solution)

Intermediate

4	1	8	3	9	2	6	7	5
9	7	3	4	5	6	2	8	1
2	6	5	7	1	8	4	9	3
7	2	6	5	4	1	9	3	8
3	4	9	8	6	7	1	5	2
8	5	1	9	2	3	7	6	4
6	3	4	2	8	9	5	1	7
1	8	2	6	7	5	3	4	9
5	9	7	1	3	4	8	2	6

PUZZLE - 112 (Solution)

Intermediate

7	9	6	2	1	5	8	4	3
1	3	2	4	9	8	7	6	5
5	4	8	3	6	7	2	1	9
6	1	4	8	5	9	3	7	2
8	2	3	1	7	4	5	9	6
9	5	7	6	2	3	4	8	1
3	8	9	5	4	6	1	2	7
4	6	1	7	3	2	9	5	8
2	7	5	9	8	1	6	3	4

PUZZLE - 113 (Solution)

Intermediate

7	1	6	9	5	3	8	4	2
8	5	4	6	2	1	7	3	9
2	9	3	4	8	7	1	5	6
3	4	8	1	9	5	6	2	7
9	6	5	8	7	2	3	1	4
1	2	7	3	6	4	5	9	8
6	8	1	5	4	9	2	7	3
4	3	2	7	1	6	9	8	5
5	7	9	2	3	8	4	6	1

PUZZLE - 114 (Solution)

Intermediate

3	5	9	8	4	1	6	7	2
6	8	2	3	7	9	4	1	5
4	1	7	6	2	5	3	8	9
2	7	3	5	8	4	1	9	6
9	6	1	7	3	2	8	5	4
8	4	5	1	9	6	2	3	7
7	9	4	2	1	8	5	6	3
1	2	6	9	5	3	7	4	8
5	3	8	4	6	7	9	2	1

PUZZLE - 115 (Solution)

8	9	3	2	7	6	5	4	1
1	2	4	8	9	5	3	7	6
7	5	6	1	3	4	8	9	2
5	8	7	9	4	2	6	1	3
6	3	9	5	1	8	7	2	4
2	4	1	7	6	3	9	8	5
3	6	2	4	8	9	1	5	7
4	1	8	6	5	7	2	3	9
9	7	5	3	2	1	4	6	8

PUZZLE - 116 (Solution)

3	5	4	1	7	8	2	6	9
9	2	8	4	6	3	1	5	7
1	7	6	9	2	5	8	3	4
7	3	5	6	1	2	9	4	8
2	4	1	5	8	9	6	7	3
8	6	9	3	4	7	5	2	1
5	8	7	2	9	4	3	1	6
6	9	3	7	5	1	4	8	2
4	1	2	8	3	6	7	9	5

PUZZLE - 117 (Solution)

7	1	4	8	5	2	6	3	9
3	5	6	1	4	9	2	7	8
8	2	9	3	6	7	1	4	5
1	3	7	4	8	6	5	9	2
4	6	2	5	9	1	3	8	7
5	9	8	7	2	3	4	6	1
9	7	3	6	1	5	8	2	4
2	4	5	9	3	8	7	1	6
6	8	1	2	7	4	9	5	3

PUZZLE - 118 (Solution)

5	6	3	4	8	7	2	1	9
4	1	8	9	5	2	3	6	7
2	7	9	6	1	3	8	4	5
8	9	2	1	4	6	5	7	3
7	4	5	3	9	8	1	2	6
1	3	6	2	7	5	4	9	8
6	5	7	8	2	4	9	3	1
9	8	4	7	3	1	6	5	2
3	2	1	5	6	9	7	8	4

PUZZLE - 119 (Solution)

6	1	5	3	2	7	4	8	9
3	9	8	4	6	1	5	7	2
7	2	4	9	8	5	1	3	6
5	7	3	8	9	6	2	1	4
2	8	6	1	5	4	3	9	7
9	4	1	7	3	2	6	5	8
1	3	2	6	7	8	9	4	5
8	6	9	5	4	3	7	2	1
4	5	7	2	1	9	8	6	3

PUZZLE - 120 (Solution)

8	1	4	3	5	2	7	9	6
5	3	2	7	9	6	4	8	1
6	9	7	1	4	8	5	2	3
7	2	9	4	8	3	1	6	5
1	5	8	6	2	7	9	3	4
4	6	3	9	1	5	8	7	2
9	8	1	2	6	4	3	5	7
3	4	6	5	7	9	2	1	8
2	7	5	8	3	1	6	4	9

PUZZLE - 121 (Solution)

8	4	9	5	2	1	3	7	6
3	1	7	6	4	8	9	5	2
6	2	5	7	9	3	8	1	4
9	3	8	4	7	2	5	6	1
4	6	2	3	1	5	7	9	8
5	7	1	9	8	6	2	4	3
2	9	3	1	5	4	6	8	7
7	8	4	2	6	9	1	3	5
1	5	6	8	3	7	4	2	9

PUZZLE - 122 (Solution)

2	4	7	9	3	8	1	6	5
8	9	3	1	5	6	4	7	2
6	1	5	7	4	2	8	9	3
4	6	1	5	2	7	9	3	8
7	8	2	4	9	3	5	1	6
3	5	9	8	6	1	7	2	4
5	7	6	3	8	9	2	4	1
1	3	8	2	7	4	6	5	9
9	2	4	6	1	5	3	8	7

PUZZLE - 123 (Solution)

8	7	9	6	2	1	5	4	3
5	2	4	8	9	3	7	1	6
3	6	1	7	5	4	2	8	9
9	8	2	4	3	6	1	7	5
1	3	5	2	8	7	9	6	4
7	4	6	9	1	5	3	2	8
4	1	3	5	6	2	8	9	7
6	5	8	1	7	9	4	3	2
2	9	7	3	4	8	6	5	1

PUZZLE - 124 (Solution)

9	6	1	8	3	7	2	5	4
8	3	4	6	2	5	9	1	7
2	5	7	4	1	9	3	8	6
1	2	6	7	8	4	5	3	9
4	8	5	9	6	3	7	2	1
7	9	3	2	5	1	6	4	8
3	4	9	1	7	2	8	6	5
5	1	8	3	9	6	4	7	2
6	7	2	5	4	8	1	9	3

PUZZLE - 125 (Solution)

6	1	5	9	8	2	3	7	4
8	9	2	3	7	4	5	6	1
7	4	3	1	6	5	9	8	2
3	5	8	2	9	1	6	4	7
2	6	1	5	4	7	8	3	9
9	7	4	6	3	8	1	2	5
4	2	9	8	5	6	7	1	3
5	8	7	4	1	3	2	9	6
1	3	6	7	2	9	4	5	8

PUZZLE - 126 (Solution)

5	1	8	6	9	4	3	2	7
3	7	6	2	8	1	9	4	5
9	2	4	5	7	3	1	8	6
4	8	2	3	6	5	7	1	9
1	5	9	7	4	2	8	6	3
7	6	3	8	1	9	4	5	2
8	9	5	1	2	7	6	3	4
2	4	1	9	3	6	5	7	8
6	3	7	4	5	8	2	9	1

PUZZLE - 127 (Solution)

7	5	6	1	9	8	2	3	4
1	2	9	4	7	3	8	6	5
3	4	8	6	2	5	9	7	1
5	8	7	2	4	1	6	9	3
2	9	3	7	5	6	1	4	8
6	1	4	8	3	9	5	2	7
8	6	2	3	1	4	7	5	9
9	3	1	5	6	7	4	8	2
4	7	5	9	8	2	3	1	6

PUZZLE - 128 (Solution)

7	9	3	4	1	2	6	5	8
2	5	4	7	8	6	1	9	3
6	1	8	9	5	3	7	4	2
1	6	2	5	9	7	8	3	4
8	4	5	2	3	1	9	6	7
3	7	9	8	6	4	2	1	5
4	3	7	6	2	9	5	8	1
5	2	6	1	4	8	3	7	9
9	8	1	3	7	5	4	2	6

PUZZLE - 129 (Solution)

1	9	7	2	3	8	4	6	5
8	6	2	9	5	4	3	7	1
3	5	4	7	1	6	9	2	8
2	1	5	3	6	7	8	9	4
7	8	9	1	4	5	6	3	2
4	3	6	8	9	2	1	5	7
5	2	1	6	8	9	7	4	3
6	4	3	5	7	1	2	8	9
9	7	8	4	2	3	5	1	6

PUZZLE - 130 (Solution)

2	9	4	1	6	5	3	8	7
8	5	1	9	3	7	2	6	4
7	6	3	2	8	4	5	1	9
4	8	2	7	9	1	6	3	5
1	7	9	3	5	6	8	4	2
6	3	5	8	4	2	7	9	1
3	2	7	4	1	8	9	5	6
5	1	8	6	2	9	4	7	3
9	4	6	5	7	3	1	2	8

PUZZLE - 131 (Solution)

4	2	6	3	8	7	5	1	9
1	3	7	9	6	5	4	8	2
5	8	9	1	2	4	3	6	7
8	4	3	5	9	6	7	2	1
2	9	5	7	4	1	6	3	8
7	6	1	8	3	2	9	4	5
6	1	8	4	5	9	2	7	3
3	5	4	2	7	8	1	9	6
9	7	2	6	1	3	8	5	4

PUZZLE - 132 (Solution)

5	1	3	6	7	4	2	9	8
9	8	2	3	1	5	6	7	4
6	4	7	8	9	2	5	1	3
3	6	1	9	2	8	7	4	5
8	9	5	1	4	7	3	2	6
7	2	4	5	6	3	9	8	1
2	3	6	4	8	9	1	5	7
1	7	8	2	5	6	4	3	9
4	5	9	7	3	1	8	6	2

PUZZLE - 133 (Solution)

2	5	7	9	6	1	4	8	3
8	9	3	4	2	7	1	5	6
6	4	1	3	5	8	2	7	9
9	1	4	8	7	5	3	6	2
3	6	5	1	9	2	7	4	8
7	2	8	6	4	3	9	1	5
1	3	6	7	8	9	5	2	4
4	7	2	5	3	6	8	9	1
5	8	9	2	1	4	6	3	7

PUZZLE - 134 (Solution)

3	8	9	2	4	1	5	6	7
1	2	6	3	5	7	9	4	8
4	5	7	6	9	8	1	3	2
6	3	8	5	2	9	4	7	1
9	4	1	8	7	6	2	5	3
2	7	5	4	1	3	6	8	9
5	6	3	9	8	2	7	1	4
7	9	4	1	3	5	8	2	6
8	1	2	7	6	4	3	9	5

PUZZLE - 135 (Solution)

2	4	6	1	9	5	3	7	8
5	8	1	2	3	7	4	6	9
7	3	9	8	6	4	1	2	5
3	1	7	9	2	6	8	5	4
9	5	2	7	4	8	6	3	1
4	6	8	3	5	1	7	9	2
1	7	5	6	8	9	2	4	3
6	9	3	4	1	2	5	8	7
8	2	4	5	7	3	9	1	6

PUZZLE - 136 (Solution)

9	6	7	2	1	8	3	4	5
2	4	5	6	9	3	7	8	1
8	3	1	4	5	7	6	9	2
7	5	3	8	2	4	1	6	9
4	9	6	5	3	1	2	7	8
1	8	2	9	7	6	4	5	3
3	2	9	7	6	5	8	1	4
5	7	8	1	4	2	9	3	6
6	1	4	3	8	9	5	2	7

PUZZLE - 137 (Solution)

2	3	6	8	1	4	9	5	7
1	9	5	2	6	7	8	3	4
4	8	7	3	9	5	1	2	6
8	2	4	1	5	9	6	7	3
9	6	1	4	7	3	2	8	5
5	7	3	6	8	2	4	1	9
7	4	9	5	2	8	3	6	1
6	5	2	9	3	1	7	4	8
3	1	8	7	4	6	5	9	2

PUZZLE - 138 (Solution)

5	6	8	4	9	1	2	3	7
1	3	4	5	2	7	8	9	6
9	7	2	8	3	6	5	1	4
4	9	7	2	6	8	3	5	1
2	5	1	9	7	3	6	4	8
3	8	6	1	4	5	9	7	2
6	1	9	3	8	4	7	2	5
7	2	5	6	1	9	4	8	3
8	4	3	7	5	2	1	6	9

PUZZLE - 139 (Solution)

5	4	7	6	1	9	2	3	8
2	9	3	4	8	7	6	5	1
6	8	1	3	5	2	7	9	4
7	5	8	1	9	4	3	6	2
3	2	6	5	7	8	4	1	9
9	1	4	2	6	3	5	8	7
8	7	5	9	2	6	1	4	3
1	3	2	8	4	5	9	7	6
4	6	9	7	3	1	8	2	5

PUZZLE - 140 (Solution)

9	4	1	6	8	5	3	2	7
5	8	6	3	7	2	4	9	1
2	7	3	4	9	1	8	5	6
3	9	2	7	1	8	5	6	4
7	5	8	9	4	6	2	1	3
1	6	4	2	5	3	9	7	8
8	1	9	5	3	7	6	4	2
6	3	5	1	2	4	7	8	9
4	2	7	8	6	9	1	3	5

PUZZLE - 141 (Solution)

6	3	2	9	4	1	5	7	8
1	7	8	2	3	5	4	9	6
9	5	4	8	7	6	1	3	2
8	9	1	7	6	3	2	4	5
3	6	7	4	5	2	8	1	9
2	4	5	1	8	9	7	6	3
4	1	3	5	9	8	6	2	7
7	8	9	6	2	4	3	5	1
5	2	6	3	1	7	9	8	4

PUZZLE - 142 (Solution)

9	7	4	5	6	1	2	3	8
5	6	1	2	8	3	9	7	4
2	8	3	7	4	9	6	5	1
3	4	9	6	5	2	1	8	7
7	2	8	1	9	4	3	6	5
1	5	6	8	3	7	4	2	9
6	1	2	9	7	5	8	4	3
4	9	5	3	2	8	7	1	6
8	3	7	4	1	6	5	9	2

PUZZLE - 143 (Solution)

5	6	9	1	2	3	8	7	4
1	3	7	5	8	4	2	9	6
4	2	8	7	9	6	1	3	5
2	1	5	9	4	7	6	8	3
3	9	4	8	6	2	5	1	7
8	7	6	3	1	5	9	4	2
7	8	2	6	3	9	4	5	1
9	4	3	2	5	1	7	6	8
6	5	1	4	7	8	3	2	9

PUZZLE - 144 (Solution)

6	5	7	1	4	8	2	3	9
4	1	2	9	3	5	6	7	8
8	3	9	7	2	6	1	4	5
2	9	1	4	6	7	8	5	3
7	4	8	2	5	3	9	6	1
3	6	5	8	1	9	7	2	4
5	7	4	6	8	1	3	9	2
9	8	3	5	7	2	4	1	6
1	2	6	3	9	4	5	8	7

PUZZLE - 145 (Solution)

6	8	5	2	9	7	1	3	4
7	1	4	5	6	3	8	9	2
9	3	2	4	8	1	7	5	6
2	7	3	8	1	5	6	4	9
8	9	1	3	4	6	5	2	7
4	5	6	9	7	2	3	1	8
5	4	9	6	3	8	2	7	1
1	2	8	7	5	4	9	6	3
3	6	7	1	2	9	4	8	5

PUZZLE - 146 (Solution)

8	5	9	7	3	4	2	1	6
7	1	4	9	6	2	3	5	8
2	6	3	1	8	5	4	9	7
3	7	8	5	2	6	9	4	1
6	2	1	8	4	9	5	7	3
4	9	5	3	7	1	8	6	2
1	3	6	4	9	8	7	2	5
9	8	2	6	5	7	1	3	4
5	4	7	2	1	3	6	8	9

PUZZLE - 147 (Solution)

2	4	3	8	5	1	9	7	6
7	5	1	3	6	9	8	4	2
9	6	8	4	7	2	1	3	5
6	2	5	1	9	7	3	8	4
4	1	9	6	8	3	2	5	7
8	3	7	5	2	4	6	9	1
1	8	2	9	4	5	7	6	3
5	7	6	2	3	8	4	1	9
3	9	4	7	1	6	5	2	8

PUZZLE - 148 (Solution)

7	6	3	5	8	9	4	2	1
4	1	5	6	2	7	9	8	3
9	8	2	1	3	4	5	6	7
5	4	9	2	1	8	7	3	6
8	3	6	4	7	5	1	9	2
2	7	1	9	6	3	8	5	4
3	5	4	7	9	2	6	1	8
1	9	8	3	4	6	2	7	5
6	2	7	8	5	1	3	4	9

PUZZLE - 149 (Solution)

1	8	4	6	5	2	3	7	9
3	7	6	8	9	1	5	4	2
9	5	2	3	4	7	8	1	6
2	4	9	7	1	3	6	5	8
5	6	8	9	2	4	1	3	7
7	3	1	5	8	6	2	9	4
6	1	7	4	3	8	9	2	5
8	9	3	2	7	5	4	6	1
4	2	5	1	6	9	7	8	3

PUZZLE - 150 (Solution)

6	7	5	1	3	2	8	9	4
2	9	1	6	8	4	5	3	7
4	8	3	7	9	5	2	6	1
1	3	8	4	7	9	6	2	5
9	5	4	2	6	1	7	8	3
7	2	6	8	5	3	4	1	9
3	4	7	9	2	8	1	5	6
8	6	9	5	1	7	3	4	2
5	1	2	3	4	6	9	7	8

PUZZLE - 151 (Solution)

2	4	1	3	7	5	6	8	9
6	5	7	2	8	9	4	1	3
8	9	3	6	4	1	5	7	2
9	3	5	4	2	8	7	6	1
1	2	4	9	6	7	8	3	5
7	6	8	5	1	3	9	2	4
5	1	6	8	9	2	3	4	7
3	8	2	7	5	4	1	9	6
4	7	9	1	3	6	2	5	8

PUZZLE - 152 (Solution)

2	1	5	7	4	3	6	9	8
8	9	3	1	2	6	4	7	5
7	6	4	5	8	9	1	2	3
3	8	6	2	9	4	5	1	7
9	4	1	8	7	5	3	6	2
5	2	7	3	6	1	9	8	4
6	5	2	9	3	7	8	4	1
4	3	8	6	1	2	7	5	9
1	7	9	4	5	8	2	3	6

PUZZLE - 153 (Solution)

4	3	2	6	5	9	8	1	7
1	6	7	2	3	8	5	9	4
8	5	9	1	4	7	2	6	3
5	7	1	3	8	4	9	2	6
3	4	8	9	6	2	1	7	5
9	2	6	7	1	5	4	3	8
2	9	4	5	7	3	6	8	1
6	8	3	4	2	1	7	5	9
7	1	5	8	9	6	3	4	2

PUZZLE - 154 (Solution)

4	3	1	6	2	9	8	5	7
6	7	9	3	8	5	4	1	2
2	8	5	4	1	7	3	6	9
5	9	2	1	4	3	7	8	6
8	4	7	2	5	6	9	3	1
1	6	3	9	7	8	5	2	4
9	5	8	7	6	1	2	4	3
7	2	6	5	3	4	1	9	8
3	1	4	8	9	2	6	7	5

PUZZLE - 155 (Solution)

6	1	8	7	9	2	4	3	5
7	4	5	1	8	3	2	6	9
3	2	9	4	6	5	8	7	1
8	5	6	3	4	1	7	9	2
1	9	7	6	2	8	5	4	3
2	3	4	5	7	9	6	1	8
5	6	3	8	1	7	9	2	4
4	8	2	9	3	6	1	5	7
9	7	1	2	5	4	3	8	6

PUZZLE - 156 (Solution)

7	1	2	5	4	6	8	9	3
3	9	8	2	7	1	6	4	5
5	6	4	3	8	9	1	7	2
9	8	7	1	6	5	2	3	4
4	3	6	8	2	7	9	5	1
1	2	5	9	3	4	7	6	8
6	4	1	7	5	8	3	2	9
8	5	3	6	9	2	4	1	7
2	7	9	4	1	3	5	8	6

PUZZLE - 157 (Solution)

2	8	7	1	9	5	3	4	6
3	9	1	2	6	4	8	5	7
4	6	5	7	8	3	1	9	2
6	7	2	9	1	8	5	3	4
8	3	9	5	4	6	7	2	1
5	1	4	3	7	2	9	6	8
1	2	3	4	5	7	6	8	9
7	4	8	6	3	9	2	1	5
9	5	6	8	2	1	4	7	3

PUZZLE - 158 (Solution)

7	4	8	1	6	5	3	9	2
2	5	6	4	9	3	1	8	7
1	9	3	8	2	7	4	5	6
4	8	9	5	1	6	2	7	3
3	7	2	9	4	8	5	6	1
5	6	1	3	7	2	8	4	9
8	1	7	6	3	4	9	2	5
9	2	4	7	5	1	6	3	8
6	3	5	2	8	9	7	1	4

PUZZLE - 159 (Solution)

2	1	4	8	7	6	9	3	5
6	9	8	3	4	5	2	1	7
3	5	7	2	9	1	8	4	6
1	7	9	6	8	4	3	5	2
4	2	6	9	5	3	1	7	8
5	8	3	1	2	7	6	9	4
8	4	2	7	3	9	5	6	1
7	3	1	5	6	8	4	2	9
9	6	5	4	1	2	7	8	3

PUZZLE - 160 (Solution)

7	3	4	9	1	5	6	8	2
9	8	5	4	2	6	1	7	3
1	6	2	7	8	3	9	4	5
8	1	7	3	5	4	2	6	9
2	4	9	8	6	1	5	3	7
3	5	6	2	7	9	8	1	4
5	9	8	6	4	7	3	2	1
6	7	3	1	9	2	4	5	8
4	2	1	5	3	8	7	9	6

PUZZLE - 161 (Solution)

4	7	2	6	1	8	9	5	3
6	8	9	4	5	3	2	1	7
3	5	1	9	7	2	4	8	6
8	6	7	5	3	4	1	9	2
9	4	5	2	6	1	3	7	8
1	2	3	8	9	7	5	6	4
2	3	6	1	8	9	7	4	5
7	1	8	3	4	5	6	2	9
5	9	4	7	2	6	8	3	1

PUZZLE - 162 (Solution)

5	3	6	8	4	2	7	9	1
7	2	4	3	9	1	6	5	8
8	9	1	7	6	5	2	4	3
6	7	5	1	2	9	3	8	4
9	8	3	6	7	4	1	2	5
4	1	2	5	8	3	9	6	7
2	6	8	4	3	7	5	1	9
1	4	7	9	5	6	8	3	2
3	5	9	2	1	8	4	7	6

PUZZLE - 163 (Solution)

6	2	3	8	4	5	9	1	7
7	8	5	1	3	9	6	4	2
9	4	1	2	7	6	8	3	5
4	1	2	3	9	7	5	6	8
8	5	9	6	2	1	4	7	3
3	7	6	5	8	4	1	2	9
5	6	8	7	1	3	2	9	4
1	3	4	9	5	2	7	8	6
2	9	7	4	6	8	3	5	1

PUZZLE - 164 (Solution)

6	9	3	7	4	1	5	2	8
4	5	1	2	8	6	3	9	7
2	8	7	9	5	3	4	6	1
8	6	9	4	2	7	1	5	3
3	2	5	8	1	9	7	4	6
7	1	4	3	6	5	2	8	9
1	3	6	5	9	4	8	7	2
9	4	2	1	7	8	6	3	5
5	7	8	6	3	2	9	1	4

PUZZLE - 165 (Solution)

6	8	4	7	3	2	1	9	5
7	2	3	9	5	1	6	8	4
5	9	1	8	6	4	3	7	2
3	6	9	4	1	8	5	2	7
2	1	8	6	7	5	9	4	3
4	7	5	3	2	9	8	6	1
8	4	7	5	9	3	2	1	6
9	3	2	1	4	6	7	5	8
1	5	6	2	8	7	4	3	9

PUZZLE - 166 (Solution)

2	6	5	9	4	8	7	1	3
7	3	4	2	6	1	8	5	9
8	1	9	5	7	3	2	4	6
6	7	1	8	5	2	9	3	4
9	4	3	7	1	6	5	2	8
5	8	2	3	9	4	6	7	1
1	9	7	6	3	5	4	8	2
3	2	6	4	8	7	1	9	5
4	5	8	1	2	9	3	6	7

PUZZLE - 167 (Solution)

3	4	2	7	9	8	5	1	6
1	7	6	4	5	2	9	8	3
8	9	5	6	1	3	4	7	2
2	8	9	5	6	7	3	4	1
7	1	4	2	3	9	8	6	5
5	6	3	8	4	1	2	9	7
4	3	7	1	8	5	6	2	9
6	5	1	9	2	4	7	3	8
9	2	8	3	7	6	1	5	4

PUZZLE - 168 (Solution)

3	8	9	2	7	6	5	1	4
6	1	7	3	4	5	8	9	2
2	4	5	8	1	9	7	6	3
9	7	8	5	6	2	4	3	1
1	3	2	4	8	7	9	5	6
4	5	6	1	9	3	2	8	7
5	2	4	6	3	8	1	7	9
7	6	1	9	5	4	3	2	8
8	9	3	7	2	1	6	4	5

PUZZLE - 169 (Solution)

4	3	9	7	2	1	8	6	5
2	7	1	5	8	6	3	4	9
8	5	6	9	3	4	1	2	7
5	1	2	4	9	8	7	3	6
7	8	3	6	1	2	9	5	4
6	9	4	3	7	5	2	1	8
1	4	7	8	5	3	6	9	2
3	6	8	2	4	9	5	7	1
9	2	5	1	6	7	4	8	3

PUZZLE - 170 (Solution)

1	2	3	9	6	5	4	8	7
6	7	5	8	3	4	9	1	2
8	4	9	7	1	2	6	5	3
3	6	8	5	7	9	1	2	4
7	5	4	3	2	1	8	9	6
2	9	1	4	8	6	7	3	5
4	1	2	6	9	3	5	7	8
9	8	6	2	5	7	3	4	1
5	3	7	1	4	8	2	6	9

PUZZLE - 171 (Solution)

3	5	1	6	7	9	8	2	4
7	4	8	5	2	3	9	6	1
2	9	6	4	8	1	3	5	7
9	6	3	8	1	2	7	4	5
1	8	4	9	5	7	2	3	6
5	2	7	3	4	6	1	9	8
8	1	9	2	6	5	4	7	3
6	7	2	1	3	4	5	8	9
4	3	5	7	9	8	6	1	2

PUZZLE - 172 (Solution)

2	5	8	6	3	1	7	4	9
1	9	4	7	5	8	2	6	3
3	7	6	4	9	2	5	8	1
5	6	7	2	4	3	9	1	8
9	2	1	8	7	6	4	3	5
4	8	3	9	1	5	6	7	2
8	4	2	3	6	9	1	5	7
6	3	5	1	2	7	8	9	4
7	1	9	5	8	4	3	2	6

PUZZLE - 173 (Solution)

1	8	5	2	6	9	7	3	4
2	6	7	8	4	3	9	5	1
9	3	4	7	1	5	2	8	6
7	9	1	3	5	2	4	6	8
4	5	8	6	7	1	3	9	2
6	2	3	4	9	8	5	1	7
5	4	9	1	8	7	6	2	3
8	7	2	9	3	6	1	4	5
3	1	6	5	2	4	8	7	9

PUZZLE - 174 (Solution)

8	4	3	6	5	1	2	7	9
5	6	9	7	8	2	3	4	1
1	2	7	3	9	4	5	8	6
3	5	4	1	6	7	9	2	8
2	7	1	8	3	9	6	5	4
6	9	8	4	2	5	1	3	7
9	1	2	5	4	8	7	6	3
4	3	5	9	7	6	8	1	2
7	8	6	2	1	3	4	9	5

PUZZLE - 175 (Solution)

6	9	8	1	7	5	3	4	2
3	1	4	8	2	9	5	7	6
5	7	2	4	3	6	1	8	9
1	3	7	6	5	8	2	9	4
9	8	5	7	4	2	6	3	1
2	4	6	9	1	3	7	5	8
8	6	1	5	9	7	4	2	3
4	5	3	2	8	1	9	6	7
7	2	9	3	6	4	8	1	5

PUZZLE - 176 (Solution)

8	1	6	2	3	7	5	4	9
3	7	9	8	4	5	1	2	6
2	4	5	9	6	1	8	7	3
9	3	7	6	8	2	4	5	1
1	2	8	3	5	4	6	9	7
5	6	4	1	7	9	3	8	2
7	9	3	5	1	8	2	6	4
6	8	2	4	9	3	7	1	5
4	5	1	7	2	6	9	3	8

PUZZLE - 177 (Solution)

7	4	8	5	9	3	6	1	2
5	2	3	4	6	1	7	8	9
9	1	6	8	7	2	4	5	3
1	9	7	6	5	4	2	3	8
4	6	5	3	2	8	1	9	7
3	8	2	7	1	9	5	6	4
6	7	4	9	8	5	3	2	1
8	3	1	2	4	6	9	7	5
2	5	9	1	3	7	8	4	6

PUZZLE - 178 (Solution)

2	1	5	8	7	4	6	9	3
7	3	4	6	2	9	5	1	8
6	8	9	3	5	1	2	7	4
1	6	2	7	3	8	4	5	9
9	4	7	2	1	5	8	3	6
3	5	8	4	9	6	1	2	7
8	9	3	5	4	2	7	6	1
4	2	1	9	6	7	3	8	5
5	7	6	1	8	3	9	4	2

PUZZLE - 179 (Solution)

8	6	9	5	1	7	4	2	3
7	4	5	9	3	2	1	8	6
2	1	3	6	8	4	7	5	9
3	2	1	8	5	6	9	4	7
4	9	6	7	2	1	8	3	5
5	8	7	3	4	9	6	1	2
9	5	8	1	7	3	2	6	4
6	3	2	4	9	8	5	7	1
1	7	4	2	6	5	3	9	8

PUZZLE - 180 (Solution)

6	2	9	8	1	5	7	3	4
5	1	8	7	4	3	9	2	6
4	7	3	2	6	9	5	1	8
7	5	6	9	3	2	4	8	1
9	4	1	6	8	7	3	5	2
8	3	2	1	5	4	6	7	9
1	6	7	3	9	8	2	4	5
3	9	4	5	2	1	8	6	7
2	8	5	4	7	6	1	9	3

PUZZLE - 181 (Solution)

2	8	3	9	1	7	6	5	4
9	4	7	3	5	6	8	1	2
6	5	1	8	2	4	9	7	3
1	3	4	5	8	9	7	2	6
8	2	9	6	7	3	1	4	5
5	7	6	1	4	2	3	8	9
4	9	2	7	6	1	5	3	8
7	6	5	4	3	8	2	9	1
3	1	8	2	9	5	4	6	7

PUZZLE - 182 (Solution)

8	1	6	7	2	4	9	3	5
4	7	3	9	1	5	6	8	2
9	5	2	6	8	3	4	1	7
3	6	7	8	9	1	2	5	4
2	9	4	3	5	7	1	6	8
5	8	1	4	6	2	3	7	9
6	3	8	2	7	9	5	4	1
7	2	5	1	4	6	8	9	3
1	4	9	5	3	8	7	2	6

PUZZLE - 183 (Solution)

8	2	3	6	1	7	9	4	5
9	1	4	5	8	3	6	2	7
7	6	5	2	9	4	1	8	3
3	4	1	9	6	2	5	7	8
2	8	7	3	5	1	4	9	6
6	5	9	4	7	8	2	3	1
5	9	8	7	2	6	3	1	4
1	3	6	8	4	9	7	5	2
4	7	2	1	3	5	8	6	9

PUZZLE - 184 (Solution)

8	3	1	2	4	6	5	7	9
6	9	7	3	1	5	8	4	2
4	2	5	7	8	9	3	1	6
2	4	3	6	5	8	7	9	1
7	8	9	1	3	2	4	6	5
5	1	6	4	9	7	2	3	8
9	7	8	5	6	3	1	2	4
3	5	4	9	2	1	6	8	7
1	6	2	8	7	4	9	5	3

PUZZLE - 185 (Solution)

3	7	8	1	6	4	2	5	9
2	4	6	8	5	9	1	3	7
5	1	9	2	7	3	6	8	4
7	9	4	6	8	2	3	1	5
6	8	5	4	3	1	9	7	2
1	2	3	7	9	5	4	6	8
9	5	1	3	4	7	8	2	6
4	6	2	5	1	8	7	9	3
8	3	7	9	2	6	5	4	1

PUZZLE - 186 (Solution)

4	7	5	3	9	8	2	1	6
1	8	3	4	6	2	7	5	9
2	6	9	5	1	7	4	8	3
9	4	6	2	7	5	1	3	8
7	2	8	6	3	1	5	9	4
5	3	1	8	4	9	6	2	7
6	5	2	7	8	3	9	4	1
3	1	4	9	5	6	8	7	2
8	9	7	1	2	4	3	6	5

PUZZLE - 187 (Solution)

3	2	9	4	5	6	8	1	7
1	8	5	3	7	2	6	9	4
6	7	4	1	8	9	3	5	2
7	3	6	8	2	5	1	4	9
2	4	8	7	9	1	5	3	6
5	9	1	6	3	4	2	7	8
4	1	7	2	6	3	9	8	5
9	6	3	5	4	8	7	2	1
8	5	2	9	1	7	4	6	3

PUZZLE - 188 (Solution)

6	9	8	5	2	1	3	4	7
3	7	1	6	4	8	5	2	9
4	5	2	3	7	9	8	6	1
2	8	7	4	9	6	1	3	5
9	1	3	2	8	5	6	7	4
5	4	6	7	1	3	2	9	8
7	2	5	1	3	4	9	8	6
8	6	4	9	5	2	7	1	3
1	3	9	8	6	7	4	5	2

PUZZLE - 189 (Solution)

8	9	3	4	1	5	2	6	7
1	7	4	3	6	2	5	9	8
6	5	2	9	8	7	1	3	4
7	8	1	6	3	4	9	2	5
3	2	5	8	7	9	4	1	6
9	4	6	5	2	1	7	8	3
4	6	9	2	5	8	3	7	1
5	1	8	7	9	3	6	4	2
2	3	7	1	4	6	8	5	9

PUZZLE - 190 (Solution)

8	6	1	9	2	7	5	3	4
9	5	7	6	3	4	8	2	1
4	3	2	8	1	5	7	9	6
2	7	8	5	4	1	3	6	9
6	1	4	7	9	3	2	5	8
5	9	3	2	8	6	4	1	7
7	4	5	3	6	9	1	8	2
1	2	6	4	5	8	9	7	3
3	8	9	1	7	2	6	4	5

PUZZLE - 191 (Solution)

5	8	9	6	4	1	2	3	7
3	2	7	5	8	9	1	4	6
4	6	1	7	3	2	8	5	9
9	7	5	4	6	8	3	1	2
6	4	3	2	1	7	9	8	5
2	1	8	3	9	5	6	7	4
8	5	6	1	2	4	7	9	3
1	3	4	9	7	6	5	2	8
7	9	2	8	5	3	4	6	1

PUZZLE - 192 (Solution)

8	4	9	3	5	2	1	7	6
3	7	1	6	9	4	5	2	8
5	6	2	8	7	1	9	3	4
4	1	5	2	3	7	6	8	9
7	2	6	4	8	9	3	5	1
9	3	8	5	1	6	2	4	7
6	9	3	7	2	8	4	1	5
1	5	7	9	4	3	8	6	2
2	8	4	1	6	5	7	9	3

PUZZLE - 193 (Solution)

6	3	7	4	8	5	1	9	2
5	2	8	3	1	9	4	7	6
4	9	1	2	6	7	5	3	8
2	6	9	8	5	1	7	4	3
7	5	4	9	2	3	8	6	1
8	1	3	6	7	4	2	5	9
9	4	2	5	3	8	6	1	7
1	8	5	7	9	6	3	2	4
3	7	6	1	4	2	9	8	5

PUZZLE - 194 (Solution)

9	3	5	7	4	2	6	8	1
6	2	4	3	8	1	9	5	7
7	8	1	6	9	5	2	3	4
8	6	2	1	3	7	4	9	5
5	9	3	8	2	4	1	7	6
4	1	7	9	5	6	8	2	3
1	5	6	2	7	8	3	4	9
2	4	9	5	6	3	7	1	8
3	7	8	4	1	9	5	6	2

PUZZLE - 195 (Solution)

6	9	2	8	4	3	1	7	5
7	1	3	6	9	5	4	2	8
4	8	5	1	2	7	9	6	3
9	5	1	2	7	8	3	4	6
2	4	7	5	3	6	8	9	1
3	6	8	9	1	4	2	5	7
8	2	9	7	6	1	5	3	4
1	7	4	3	5	9	6	8	2
5	3	6	4	8	2	7	1	9

PUZZLE - 196 (Solution)

9	1	7	6	3	5	8	4	2
8	3	2	4	1	7	9	6	5
6	5	4	8	2	9	1	7	3
4	2	6	9	8	3	7	5	1
5	8	3	2	7	1	6	9	4
7	9	1	5	6	4	2	3	8
3	7	9	1	5	2	4	8	6
2	6	5	7	4	8	3	1	9
1	4	8	3	9	6	5	2	7

PUZZLE - 197 (Solution)

5	4	8	7	2	1	3	9	6
7	9	6	5	8	3	4	2	1
1	2	3	6	9	4	8	5	7
4	7	1	3	6	2	5	8	9
8	6	2	4	5	9	7	1	3
9	3	5	8	1	7	6	4	2
6	1	7	9	4	5	2	3	8
2	8	4	1	3	6	9	7	5
3	5	9	2	7	8	1	6	4

PUZZLE - 198 (Solution)

7	2	8	1	3	6	9	4	5
5	6	9	7	2	4	3	8	1
4	3	1	5	8	9	7	2	6
1	5	2	4	9	3	6	7	8
6	7	3	2	5	8	4	1	9
9	8	4	6	1	7	5	3	2
2	4	6	8	7	5	1	9	3
8	9	7	3	6	1	2	5	4
3	1	5	9	4	2	8	6	7

PUZZLE - 199 (Solution)

Very Hard

8	9	3	2	1	6	5	4	7
4	1	5	3	8	7	9	6	2
2	7	6	5	9	4	3	1	8
5	8	4	7	3	2	1	9	6
7	6	2	1	4	9	8	5	3
1	3	9	6	5	8	2	7	4
3	2	7	9	6	1	4	8	5
6	4	1	8	2	5	7	3	9
9	5	8	4	7	3	6	2	1

PUZZLE - 200 (Solution)

Very Hard

5	7	6	2	8	3	1	9	4
9	1	4	7	6	5	2	8	3
8	3	2	4	9	1	5	6	7
1	2	7	9	3	4	8	5	6
6	9	8	1	5	7	4	3	2
3	4	5	8	2	6	7	1	9
7	8	1	3	4	9	6	2	5
4	6	9	5	1	2	3	7	8
2	5	3	6	7	8	9	4	1

PUZZLE - 201 (Solution)

Very Hard

9	6	7	3	1	8	2	5	4
5	3	1	4	6	2	8	7	9
8	4	2	9	7	5	6	3	1
6	1	4	5	8	9	7	2	3
2	7	8	1	4	3	5	9	6
3	9	5	6	2	7	4	1	8
7	2	9	8	3	6	1	4	5
1	8	3	2	5	4	9	6	7
4	5	6	7	9	1	3	8	2

PUZZLE - 202 (Solution)

Very Hard

2	9	3	5	1	8	7	4	6
6	8	7	2	4	3	5	1	9
4	5	1	7	9	6	3	2	8
9	2	5	8	3	7	1	6	4
1	3	6	4	2	9	8	7	5
8	7	4	6	5	1	9	3	2
5	1	9	3	6	2	4	8	7
7	4	2	1	8	5	6	9	3
3	6	8	9	7	4	2	5	1

PUZZLE - 203 (Solution)

Very Hard

7	3	8	5	9	4	2	1	6
5	1	4	7	6	2	8	9	3
6	9	2	1	8	3	5	7	4
8	6	9	2	1	7	4	3	5
4	5	7	8	3	9	6	2	1
1	2	3	4	5	6	9	8	7
9	7	6	3	2	5	1	4	8
3	8	5	9	4	1	7	6	2
2	4	1	6	7	8	3	5	9

PUZZLE - 204 (Solution)

Very Hard

8	2	9	4	3	1	5	7	6
1	6	3	9	7	5	4	8	2
5	4	7	2	6	8	1	9	3
2	1	5	7	9	3	6	4	8
4	7	8	6	1	2	9	3	5
3	9	6	5	8	4	7	2	1
7	5	2	3	4	6	8	1	9
6	8	4	1	2	9	3	5	7
9	3	1	8	5	7	2	6	4

PUZZLE - 205 (Solution)

4	3	1	5	7	2	9	8	6
7	2	9	1	6	8	3	4	5
5	6	8	9	4	3	1	7	2
6	7	5	3	9	4	2	1	8
8	1	2	6	5	7	4	9	3
9	4	3	2	8	1	5	6	7
3	9	4	8	2	6	7	5	1
2	5	6	7	1	9	8	3	4
1	8	7	4	3	5	6	2	9

PUZZLE - 206 (Solution)

7	6	4	1	5	8	2	9	3
5	1	2	4	9	3	7	6	8
3	9	8	2	6	7	5	4	1
8	4	1	5	3	9	6	2	7
9	2	5	6	7	1	8	3	4
6	3	7	8	4	2	1	5	9
1	8	9	3	2	5	4	7	6
4	5	3	7	1	6	9	8	2
2	7	6	9	8	4	3	1	5

PUZZLE - 207 (Solution)

4	7	3	9	8	2	1	6	5
1	2	5	7	3	6	8	4	9
9	6	8	4	5	1	3	2	7
7	1	9	8	4	3	6	5	2
2	3	4	1	6	5	9	7	8
8	5	6	2	7	9	4	3	1
5	8	7	3	9	4	2	1	6
6	4	1	5	2	8	7	9	3
3	9	2	6	1	7	5	8	4

PUZZLE - 208 (Solution)

9	1	6	5	2	7	3	8	4
7	3	5	8	9	4	2	6	1
4	2	8	6	1	3	5	7	9
3	4	1	2	5	6	8	9	7
2	8	7	3	4	9	1	5	6
5	6	9	7	8	1	4	3	2
1	5	3	9	6	2	7	4	8
8	9	2	4	7	5	6	1	3
6	7	4	1	3	8	9	2	5

PUZZLE - 209 (Solution)

4	3	1	5	2	6	8	7	9
8	2	9	1	3	7	6	4	5
7	6	5	8	9	4	1	2	3
3	9	7	2	5	1	4	8	6
6	8	2	3	4	9	7	5	1
5	1	4	6	7	8	3	9	2
2	5	8	4	6	3	9	1	7
9	4	6	7	1	2	5	3	8
1	7	3	9	8	5	2	6	4

PUZZLE - 210 (Solution)

2	5	4	1	7	6	3	9	8
8	6	7	2	3	9	1	4	5
9	1	3	8	4	5	6	7	2
3	4	9	6	2	1	8	5	7
7	8	1	5	9	4	2	6	3
6	2	5	3	8	7	4	1	9
1	3	6	7	5	8	9	2	4
5	9	2	4	1	3	7	8	6
4	7	8	9	6	2	5	3	1

PUZZLE - 211 (Solution)

1	8	2	4	9	6	5	3	7
6	9	4	5	7	3	8	2	1
5	3	7	1	8	2	6	4	9
2	1	6	7	4	9	3	5	8
8	4	9	2	3	5	1	7	6
3	7	5	6	1	8	4	9	2
9	5	3	8	6	7	2	1	4
7	6	1	3	2	4	9	8	5
4	2	8	9	5	1	7	6	3

PUZZLE - 212 (Solution)

5	4	7	2	6	1	8	9	3
6	9	2	7	8	3	4	1	5
1	3	8	9	5	4	2	7	6
2	5	6	4	9	7	1	3	8
7	8	3	5	1	6	9	4	2
4	1	9	3	2	8	6	5	7
8	6	5	1	7	9	3	2	4
3	2	1	8	4	5	7	6	9
9	7	4	6	3	2	5	8	1

PUZZLE - 213 (Solution)

8	7	5	9	1	6	2	4	3
6	4	9	7	3	2	1	5	8
2	1	3	5	8	4	9	6	7
4	5	2	1	6	3	7	8	9
9	6	7	8	2	5	3	1	4
1	3	8	4	7	9	5	2	6
7	9	1	2	4	8	6	3	5
3	2	4	6	5	7	8	9	1
5	8	6	3	9	1	4	7	2

PUZZLE - 214 (Solution)

4	1	5	3	2	6	8	7	9
3	8	2	7	1	9	6	5	4
7	9	6	5	8	4	1	3	2
1	6	8	2	3	7	9	4	5
5	7	3	9	4	8	2	6	1
2	4	9	1	6	5	3	8	7
8	2	4	6	7	1	5	9	3
6	5	1	4	9	3	7	2	8
9	3	7	8	5	2	4	1	6

PUZZLE - 215 (Solution)

3	1	4	5	2	9	7	6	8
9	2	5	8	6	7	3	1	4
8	7	6	1	4	3	5	2	9
5	9	2	4	7	8	6	3	1
7	3	1	9	5	6	4	8	2
4	6	8	2	3	1	9	7	5
6	4	9	3	8	2	1	5	7
2	5	3	7	1	4	8	9	6
1	8	7	6	9	5	2	4	3

PUZZLE - 216 (Solution)

7	9	2	1	5	6	4	8	3
5	3	8	9	2	4	7	6	1
6	1	4	8	3	7	2	9	5
3	7	6	2	8	1	9	5	4
2	4	1	5	7	9	8	3	6
8	5	9	4	6	3	1	7	2
1	6	7	3	9	2	5	4	8
9	2	5	6	4	8	3	1	7
4	8	3	7	1	5	6	2	9

www.ingramcontent.com/pod-product-compliance
Lightning Source LLC
Chambersburg PA
CBHW060843220526
45466CB00003B/1223